DONGQIAN HU
ZIRAN BIJI

东钱湖
自然笔记

张海华◎著

宁波出版社
NINGBO PUBLISHING HOUSE

图书在版编目（CIP）数据

东钱湖自然笔记 / 张海华著. — 宁波：宁波出版社，
2020.7（2020.10重印）

ISBN 978-7-5526-3870-7

Ⅰ.①东… Ⅱ.①张… Ⅲ.①湖泊-生态环境-环境
保护-宁波-普及读物 Ⅳ.①X321.255.3-49

中国版本图书馆CIP数据核字（2020）第072246号

东钱湖自然笔记   张海华　著

责任编辑	王　苏
插图手绘	张可航
责任校对	谢路漫
装帧设计	金字斋
出版发行	宁波出版社（宁波市甬江大道1号宁波书城8号楼6楼　315040）
印　　刷	宁波白云印刷有限公司
开　　本	710mm×1000mm　1/16
印　　张	17.75
字　　数	234千
版　　次	2020年7月第1版
印　　次	2020年10月第2次印刷
标准书号	ISBN 978-7-5526-3870-7
定　　价	68.00元

前　言

在东海之滨的宁波，于城区之东南，有一个碧波万顷的诗意湖泊，她就是浙江第一大淡水湖 —— 东钱湖。远古时期，湖所在区域乃是海洋，是后来的地质运动使之成为天然潟湖；千百年来，又经历代开浚、治理，遂成如今之规模与景观。

自古以来，自然环境优越、文化底蕴深厚的东钱湖便是著名的风景名胜区，并于 2015 年成为首批 17 个国家级旅游度假区之一。完全可以说，东钱湖不仅是文化之湖，同时也是生态之湖。

很荣幸，东钱湖旅游度假区管委会将写作《东钱湖自然笔记》一书的任务交给了我。"自然笔记"这个提法，近几年在我国颇为流行。国内最早以一个城市的"自然笔记"之名出版且大获成功的书，是 2013 年面世的《深圳自然笔记》。此书为人们展现了一个经济发达的大城市的令人动容的另一面，即其不为多数人所了解的自然之美，从而为深圳增加了不少美誉度。而据我所知，在浙江，虽然近些年陆续出版了关于浙江野花（及野果、野菜)、杭州鸟类、宁波鸟类、宁波珍稀植物等方面的不少书籍，但迄今尚未出版过一本关于省内某地生态的综合性较强的"自然笔记"。

早在十几年前，我刚痴迷于鸟类摄影时，山水俱佳的东钱湖就吸引了我的注意。我家离东钱湖仅三四十分钟的车程，因此我经常抽空去那里寻找、拍摄鸟类，记录了很多发生在湖边的鸟类故事。后来，我又喜欢上了对本地两栖爬行动物、野花的探索，以及对重要天象的拍摄，为此也没有少去东钱湖畔。正因为有了在鸟类、两爬、野花等方面的多年积累，我才有了一点"底气"或者说勇气，去构思、去调查，最后写成《东钱湖自然笔记》。

我接受此书的写作任务是在 2017 年底。于是，在 2018 年，我三天两头跑东钱湖，走遍了区域内的山山水水、古村古道，尽力寻找、发现当地的原生态之美。除了继续关注鸟类、两爬等领域，我把野外调查的重点放在自己的短板上，即植物、昆虫方面。在植物方面，又是在野果方面花的精力较多。说起来，野果最初并不在我的调查、写作计划内，而是在野外拍摄时突然想到的。我想广大读者应该会对野果很感兴趣，因此关于这方面非常值得一写。于是，我一个"野果盲"开始学着认识、品尝（在确认可以吃的情况下）野果，然后"现学现卖"，写了若干篇章。

因此，此书的内容，才有了目前的几大块：野花、野果、鸟类、两爬、昆虫、天象。这些内容，基本上都是公众不难观察到的。书的第一稿完成于2019年初。此后，在2019年，我又抽时间进行了一些补充调查与拍摄，增补了一些内容。写作的方式，是在以上大致分类的基础上，以第一人称的视角进行叙述，所写的都是我个人观察之经历与所得，文中提到的时间、地点、物种（或现象）均甚悉，我想这有利于读者在游览东钱湖时多一份感受自然之美的乐趣。

如今书稿付印在即，但我却有诚惶诚恐之感。真的，必须说明的是，虽说我是个热情很高的乡土博物爱好者，但毕竟时间、精力、水平都很有限，不可能在短时间内对东钱湖的自然资源（尤其在植物、昆虫等方面）做到较深的了解，所以，所谓"浅尝辄止"，乃至"顾此失彼"，都是难免的。相信书中必然存在不少疏漏乃至错误等不足之处，责任均在我，恳请大家不吝指正！此书若能起到一点抛砖引玉的作用，促使更多人深入探索、研究、了解美丽的东钱湖，我就很满足了。

最后，还要特别感谢东钱湖旅游度假区管委会、宁波都市报系的有关领导对此书的重视，也非常感谢报社诸多同事对我的支持。

目　录

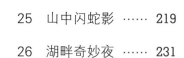

目　录

湖山野芳

HUSHAN YEFANG

01

夏天无与老鹳草

夏天无

夏天无、老鹳草、老鼠矢、博落回 …… 尽是些古里古怪的名字，它们是什么呀？互相间有什么关系吗？其实，它们都是身边的常见植物，彼此并没有啥联系，如果一定要说有，那么就是它们的名字都很有趣，背后都有故事。

2018 年，我时常行走于东钱湖的山野之间，对植物关注比较多，见到一些野花、野果，查到它们的名字，觉得这些名字都很有意思。于是，出于好奇，又想方设法，企图寻找名字后面的故事。特写出来与大家分享，若能为大家到野外寻找、欣赏植物增添一点乐趣，或增加一些进行博物探究的动力，那自然是十分令人欣慰的。

先贤有言："格物致知。"关于欣赏东钱湖山水自然的美妙旅程，且让我们从了解身边的花草的名字起步吧。

📝 春花不可语夏

早春三月，行走在东钱湖附近的山路边，常可见到一种粉紫色的小花，成串悬挂在约 10 厘米高的花茎上。俯身细看，发现其花形挺独特：每朵小花皆呈筒状，尾部尖，犹如小丑的高帽，而上下两枚花瓣张开，做展翅欲飞状。这就是夏天无，一种小巧可爱的野花。它具有这样的造型，其实是有用意的，即对于传粉的昆虫，它并非来者不拒，而是只欢迎特定大小的昆虫进入花的深处，到达花瓣后面的"尾巴"（专业术语叫作"距"）的位置 —— 通常那里是储存花蜜的地方。

夏天无，多年生草本，为罂粟科紫堇属的植物，它还有一个比较学术化的名字，叫伏生紫堇。每年 2 月，随着天气逐步回暖，夏天无原本休眠在地下的块茎开始苏醒过来，抽生出绿绿的小苗，在早春的阳光下快速生长，并于 3 月迎来盛花期。

到了 4 月，花朵逐渐凋零，开始结果。春末，整个植株都枯萎了，地面上不再有它们的踪影。原来，这是一种喜凉怕热的植物，每当天气转热，在其他植物疯狂生长、争夺地面空间以及阳光的时候，夏天无便"识趣"地进入"避暑"模式，只留块茎在地下，等待来年春天再醒来。

夏天无这个名字，很容易让人想起《庄子·秋水》中的那句话："井蛙不可以语于海者，拘于虚也；夏虫不可以语于冰者，笃于时也。"这是比喻人囿于各种限制，见识短浅。但很显然，对于夏天无来说，它主动选择"夏眠"，其实是一种生存的智慧。

顺便提一下，夏天无还是一种常用的中草药，药用部分为其干燥块茎。比如，有一种眼药水名为夏天无滴眼液，具有活血明目之功效，常用于青少年假性近视等方面的治疗。

夏天无

✍ 生得果实如鹳喙

5月中旬，走过环湖东路纪家庄酒店旁的湖畔，在路旁见到一种长相奇特的丛生的野草：叶子有红有绿，红的部位像是被火烧过一般，最有意思的是，每棵草的顶端，都朝天竖着一根根像微型旗杆一样的东西。再仔细一看，"旗杆"的根部则有5颗黑色的种子。我记得，前段时间路过这些地方的时候，这里都是开花的野老鹳草，难道它们都已经花谢结果了？

通过手机里的相关APP软件一查，果然，这正是野老鹳草的果实。回想起来，在4月，正是这种植物盛花期的时候，我曾拍过花的照片。那时候，它们的叶子是全绿的，呈鸟足状分裂，淡紫色小花直径不到一厘米，毫不起眼。查询得知，这是一种属于牻（máng）牛儿苗科老鹳草属的植物。当时，我很好奇：为什么叫"老鹳草"呢？后来看到这么一种说法，说有一种鸟叫老鹳鸟，它常在水边啄食鱼虾，导致风湿入侵体内，于是它便吃一种草药来治疗，因此这种草药被称为老鹳草。

当然，这所谓传说完全是无稽之谈，没有一点可信性，只能一笑了之。直到这次看到野老鹳草的果实，我才恍然大悟，这种植物的名字来源，分明是因为其果实的模样很像鹳鸟长长的喙啊！

又读到台湾博物爱好者黄丽锦著的《台湾野果

野老鹳草的花

野老鹳草的果实

图鉴》,方知老鹳草属的植物还有一个有趣的共同特点,即果实呈长柱状,成熟时这个如鸟喙般的柱子会由下而上开裂,并往上反卷,可以如抛石器一般将种子弹射出去,从而靠自己的力量完成传播的重任。

老鼠矢与鸡矢藤

有趣的植物名还有不少,比如说下面两种关于"矢"的。

4月初,我到福泉山中踏访植物,忽见山路边的一株小树上开着奇怪的花。这些小花直接开在枝条上,好几朵挤在一起,形成一堆,倒好像是粘在上面似的。花呈白色,每一朵均为椭圆形,最上面冒出花蕊,仔细看还是蛮精致的。5月初再去那里,发现都已结果了,一颗颗深绿色的小果子,还是像当初的花朵一样挤在一块儿。

查了资料,得知这种植物名叫"老鼠矢",属于山矾科。不知情的人一看这名字，肯定摸不着头脑，因为"矢"作为名词，通常是箭的意思。那么，"老鼠箭"又该做何解释呢？

不过，当时我一看到这名字，就忍俊不禁，我知道，给植物命名的学者们又在玩文字游戏了。其实，在这里，所谓"老鼠矢"就是"老鼠屎"，是说它的花和果都长得像老鼠屎，一粒粒地"粘"在枝条上。

无独有偶。在东钱湖一带，盛夏到初秋时节，还常能见到一种藤本的野花，小花呈铃铛状，外面白色，"铃铛口"为暗红色，开得很密集，模样还挺好看的。在植物志上，它的名字叫"鸡矢藤"，是一种属于茜草科的多年生植物。这下大家都明白了，其实"鸡矢藤"就是"鸡屎藤"，至于得此"臭名"的原因，是因为将其叶子揉碎后会闻到像鸡屎一般的恶臭。

老鼠矢的花

鸡矢藤的小花其实很漂亮

　　日本当代女作家有川浩写了一本别致的言情小说，题为《植物图鉴》，其第一章的题目就是《鸡屎藤》。在书中，女主人公彩香偶然遇到了一位博物爱好者阿树。两人刚认识的时候，彩香告诉阿树，她很讨厌院子围栏上的一种蔓草，因为"拔完之后手奇臭无比"。阿树说："那没什么好奇怪的，它的名字就叫鸡屎藤。"但他还说，鸡屎藤的"第二张脸"（花）很漂亮。果然，到了夏天，彩香看到了鸡屎藤的花："宛如百合加了一圈褶边的花形和点缀花心的胭脂色，尤其惹人喜爱。小花就像花束一样装点在花茎上。"阿树告诉彩香，鸡屎藤还有别名"早乙女葛"和"灸花"，"应该是取自它花朵的可爱模样和特征吧"。自然，从认识鸡屎藤开始，彩香慢慢爱上了阿树。

　　看来，在日本，鸡屎藤并没有被改名为"鸡矢藤"。那在中国，为什么"屎"都被改为"矢"了呢？我想，估计是学者们认为，如果直接称为"老鼠屎"或"鸡屎藤"，则名字虽然形象，却实在不雅观，于是就将其改为"老鼠矢"与"鸡矢藤"。

不过，学者们的高明之处在于，这么改倒也不是随便乱改，或者仅仅是因为矢与屎为同音字而已。其实，在古代，矢还有一个含义，就是同"屎"。如古籍中的以下用法："杀而埋之马矢之中。"(《左传·文公十八年》)"夫爱马者，以筐盛矢，以蜃盛溺。"(《庄子·人间世》)"顷之，三遗矢矣。"(《史记·廉颇蔺相如列传》)所以，这改法还是蛮巧妙的。

✍ 吹之作声如博落回

6月，高大的博落回开花了，在东钱湖的山路边的开阔地常可看到。它的花，是蓬松的一大把，远看如浅色的鸡毛掸子，因此它的花序被称为圆锥花序。到了秋天，它的浅褐色的果实，如沉甸甸的麦穗，挂在植株的顶端。近看，发现它的每一枚果实都扁平如薄薄的豆荚。

博落回是一种罂粟科的多年生草本植物，高可达两三米，其叶如莲，但多裂。不过，我所关心的倒不是罂粟，而是"博落回"这个名字。几年前初识博落回时，一听这名字，还以为这是一种外来植物，比如来自中亚、南亚之类的地方。当时也没有深究。2018年夏天，偶然读到宁波的植物达人小山老师的文章《博落回：毒草用好了就是良药》，惊奇地发现，原来他起初也曾跟我一样，"还以为是一种外来植物，因为名字很像外文的音译，而且特别像西药的名字"。当然，小山老师很快考证清楚了，博落回完全是我国的原生植物，而且其名字的来源还跟一位宁波人有关。

原来，明朝李时珍《本草纲目》一书的"蓖麻"条目之后就附录了博落回，原文如下："藏器曰：有大毒。……生江南山谷。

果期的博落回

茎叶如蓖麻。茎中空,吹之作声如博落回。折之有黄汁,药人立死,不可
轻用入口。"

藏器,即唐朝鄞县(今属宁波)人陈藏器,他有本著作名为《本草拾
遗》,其中就记载了"有大毒"的博落回,还说可以用它来"以毒攻毒",治
疗恶疮之类的疾病。陈藏器说得很明白,之所以称这种植物为"博落回",

中空的博落回茎秆

是因为"吹之作声如博落回"。10月下旬,在洋山村附近山里,我折断了一株博落回,看着中空的茎,尽管那里已无有毒的汁液流出,但还是不敢放到嘴边吹,看能否发出类似"博落回"的声音。

关于植物名字的趣谈,暂且说到这里。古语云:"知其然,知其所以然。"在上文提到的《植物图鉴》这本小说中,阿树也曾认真地说:"没有叫作杂草的草,所有的草都是有名字的。"

所以,别小看植物的名字,若探究起来,背后说不定也有不少故事与知识呢。这探索的过程,不论是在野外,还是在书斋,都是十分有趣的。人若不失好奇心,生活就会多很多趣味。这是我的一点体会。

02 水上花

水车前

　　去过桂林的人，如果喜欢野花的话，或许曾在当地的溪流中见到、拍摄过一种漂荡在清澈流水之上的洁白小花，那就是大名鼎鼎的海菜花。可惜它只分布于我国云南、贵州、广西和海南等地的部分地区，在浙江是见不到的。

　　不过也别太遗憾，宁波虽然没有海菜花，却有水车前。这两种花，都是属于水鳖科水车前属的植物。说起来，水车前还是这个属的"属长"呢。在夏末秋初盛开的本地野花中，清秀脱俗的水车前是我的最爱，没有之一。

　　2018年9月10日，在东钱湖附近的山里，我偶遇大片盛开的水车前，这让我惊喜莫名。

✐ 邂逅"水上仙子"

　　那天下午，我去南宋石刻公园，目的是想去找找野果。一进门，就见到路边一株枝繁叶茂的小树上挂满了红果，十分好看。虽说每颗果子都很小，直径不到1厘米，但每一串都很密集，总有几十乃至上百颗果子，沉甸甸地挂着。仔细看，不仅果子鲜红，连果梗都是红的。后来查知，这是珊瑚树，本省原产于舟山，不过目前在华东地区常有栽培。这种果子，不仅好看，也是雀鸟爱吃的食物。

继续往前走，在山脚的一条小水沟旁，又见到一种野果。这个我倒是认识的，叫菩提子，属于禾本科的植物。现场看到的果子，有绿、黄、褐、黑等多种颜色，呈念珠状，光滑而坚硬。印象中，多年前见到过的一些工艺品，应该就是用这种果子加工制作的。

不过，接下来，我就没有再看到让我眼睛一亮的果子了。寻寻觅觅、走走停停，到了一个池塘边。目光往水面上一扫，不由得停住了脚步：水上一朵朵白色的小花是什么花？赶紧跑下去一看，顿时又惊又喜：天哪，

水车前

居然是水车前! 我从来没有见过这么多开花的水车前! 足有一两百朵。

从稍远的距离看,这些状如小水晶杯的花朵呈白色,而近看则是淡淡的粉紫色,有时还有点蓝色的感觉。3枚呈倒心形的花瓣,晶莹剔透,柔软微皱,仿佛吹弹即破。花朵的中央,是十几根鲜黄的花蕊。这里的水车前,绿色的叶子比较宽大,为长圆形,虽然在水面上也有很多叶子,但其实更多的叶子是在水下。很多蜻蜓、豆娘、蝴蝶等昆虫在水面上飞来飞去,不时停歇在花或叶上。我拍了一会儿照片,就坐在岸边的石头上,独自一人,静静地观赏这些美如仙子的花儿。那时已是下午四点半左右。过了一会儿,柔和的阳光忽然从西边的云层中冒了出来,洒在开满花儿的池塘上。微风吹过,洁白的花儿在绿波上轻轻晃动。

这个池塘位于山坡的平缓地,其水源来自上面小溪水及周边雨水的汇聚。我曾多次来南宋石刻公园,这个公园完全依山而建,保留了不少原先就具备的野外地貌,比如小溪、水塘等。我眼前这个池塘,算是比较大的,长的一条边有三四十米。它的上面,还有更小的池塘。我不能确认这里的水车前是人工种植的还是野生的,但这样的环境,确实是非常适合水车前生存的。

✍ 何谓“水车前”?

说到这里,不知道大家是否跟我一样好奇:为什么它叫“水车前”?这别致的名字到底是什么意思?查资料后得知,水车前,别名水带菜、牛耳朵草、龙舌草(作为中药材使用时的名字)等,为水鳖科水车前属多年生沉水草本植物。首先,是“水鳖科”,这个科名就让人费解:何谓水鳖?据我所知,有一类叫作龙虱的水生昆虫,其俗名为水鳖,但不知作为昆虫的水鳖与作为植物的水鳖有何关系。

再来看“水车前”这个名字,最初,我想当然地理解为“水车、前”,即长在水车前面的水域中的植物,但总觉得这种解释怪怪的,不那么靠谱。

后来偶然读到相关文章才恍然大悟，其实应该把这三个字读作"水、车前"，即水里的车前草！对于车前草大家都比较熟悉，这是一种随处可见的野草，也是一种著名的药用植物。有趣的是，水车前跟车前草一样，都有一个俗名叫作"牛耳朵草"，这说的是两者的叶形比较相似。这长在水里的"牛耳朵草"，就被叫作"水车前"了。

我第一次见到水车前这种野花，就被它的美深深打动了。那是在2014年9月初，记得那天天气很热，我和朋友李超在鄞江镇的田野里拍蝴蝶，刚好遇到林海伦老师在那里考察植物。林老师告诉我们，附近山脚的水沟里有水车前正在盛开，值得去看看。这是我第一次听说这种野花，于是马上兴冲冲地过去寻找了。

好不容易，在被植物所遮蔽的一条不起眼的小沟里，我们找到了水车前。这条沟的宽度只有半米左右，水很浅，但比较清澈，几乎看不出在流动。几朵清丽的花儿就仿佛漂在水上，水下是如同菜叶的碧绿的叶子。

一只杯斑小蟌——一种非常小的豆娘——停在一朵花的花瓣上。在宁波，水生的野花本来就很少，像水车前这样好看的，可以说绝无仅有。2015年9月，我又去这个地方找水车前，发现环境比上一年恶化了，附近开辟了果园，原有的植被少了很多，水沟里的水几乎断流了，只有一朵花正在开放。

后来有一年，在奉化尚田镇山脚的一块芋艿田附近的水沟里，我们又发现了少量水车前。可惜看到的时候不是

一只豆娘停在水车前的花上

水蕴草

花期。水车前原本是一种在中国南方分布广泛的植物,喜欢生活在水质良好、水流很缓(或者是静水)的水沟或池沼里,被认为是显示水环境质量的指示物种之一。不过,近些年来,由于环境的变化,在野外找到水车前越来越困难了。

　　2017年6月,在鄞江镇上游的樟溪河中,我发现水面上开着无数的小白花。仔细一看,其花形跟海菜花、水车前都非常像,显然也是属于水鳖科的植物,只不过花朵非常小,其直径不过1厘米左右。我原以为这是轮叶黑藻,后来请教了别人,得知这是水蕴草。这是一种原产于南美洲的外来植物,在水族馆里常用,可能樟溪河的水蕴草是属于逸生的。

🖊 "参差荇菜"湖上漂

　　说完了"最美水上野花"水车前,再让我们看看东钱湖中还有哪些

"水上花"。先来读一读中国第一部诗歌总集《诗经》的开篇第一首诗,即《关雎》:

关关雎鸠,在河之洲。窈窕淑女,君子好逑。参差荇菜,左右流之。窈窕淑女,寤寐求之……

对这首诗,相信大家都耳熟能详。诗中提到了一种名为荇菜的植物。荇菜,是龙胆科荇菜属的植物,无论在中国的南方还是北方,都很常见,尤其是现在,常被用作景观水域的植物。荇菜喜欢生长在池塘或流动缓慢的水中。古代的淑女们喜采其嫩叶、嫩茎作为佳肴。在宁波,每当春末夏初,荇菜的金色小花挺立于水面上,成片盛开,非常好看。

2018 年 5 月 18 日,我一到马山湿地的湖畔,就见到水面上金灿灿的一大片,全是荇菜的花儿。当时,阳光明媚,无数金色的花儿如波浪一般,随着水面的波动而微微起伏。黑水鸡、小鸊鷉等水鸟在花的旁边游动,红蜻、大团扇春蜓等蜻蜓在上空飞翔……我在湖边站了很久,静静地感受这份美丽。我仿佛能感受到,源自《诗经》的古典之美、自然之美,跨越了两三千年的时空,围绕在我身边。

如果说荇菜比较容易观察到的话,那么在东钱湖里还有两种同为荇菜属的"水上花",恐怕就不那么容易被大家所发现了,因为它们特别稀有。这两种花,就大小而言,可以说是"迷你荇菜":其一,名字就叫"小荇菜";其二,名叫"金银莲花"——一个特别美丽、充满富贵气息的名字是

两只黑水鸡在盛开的荇菜中觅食

小荇菜

金银莲花（紫叶摄）

不是？在宁波，这两种花的花期，跟水车前类似，都是在夏末秋初，我们都是9月上中旬在东钱湖拍到的。具体来说，小荇菜是在环湖东路的湖边见到的，我曾在2014年9月6日拍到过，不过后来没有再见到过；而金银莲花则是本地花友"紫叶"于2018年9月中旬在马山湿地的湖畔拍到的，可惜我闻讯后于次日寻找时，却无缘相见，可能已经漂到远处的湖面上了。这两种小花的叶子形状跟荇菜差不多，接近卵形或心形，不过它们的花均为白色，外观非常相似，稍不留神就会搞混。区别在于，金银莲花的花冠上有很多柔毛，呈细小的流苏状；而小荇菜的花冠上的"毛"相对较少，而且呈较硬的睫毛状。总之，金银莲花的花比小荇菜的看上去更加显得"毛茸茸"。

别看小荇菜与金银莲花这两种"水上花"不起眼，它们可都是宁波的珍稀植物。在《宁波珍稀植物》（科学出版社，2017年1月第1版）这本专著上，就专门记载了这两种植物。其中，关于小荇菜，书中说："该种为近年发现的浙江分布新记录，宁波为浙江第二个分布点，数量稀少。其岛屿状分布格局对植物区系的研究有学术价值。植株小巧清秀，可供水体美化。"不过，此书说小荇菜在宁波境内"仅见于鄞州龙观（现属海曙）"，看来东钱湖是新增的一个分布点了。而关于金银莲花，书中说："该种在浙江野外极为稀见，宁波也仅有一个分布点，数量稀少。植株清雅，碧叶心形，白花点点，形态颇为可爱，是水体美化的优良材料。"而它在宁波境内仅有的一个分布点，书中说正是东钱湖。

另外，在东钱湖的多处湖面上，夏末秋初时节，还能见到欧菱的白色小花。欧菱，即俗称的菱角，我们这里所见的多为栽培的水上植物。

介绍完了这些美丽精致、很有"仙气"的"水上花"，我还想说，它们的"仙气"来自哪儿？来自原生态良好的水体！保护好水环境，就是保护好这些"小仙女"。

欧菱

03
山中"踏秋"赏野菊

野 菊

从 9 月中下旬到 12 月上旬,在这段时间,到东钱湖的山中走走,沿路所见野花,几乎是野生菊科植物的天下:三脉紫菀、陀螺紫菀、马兰、翅果菊、一点红、野茼蒿、豨莶(xīxiān)、一年蓬、泽兰、藿香蓟、苣荬菜、甘菊、大吴风草、千里光……随便一数就有十几种。

2018 年秋天,我走了洋山村、绿野村、韩岭村、城杨村、福泉山景区等地的多条古道或山路,拍摄秋花秋果,不知不觉间,把这些地方可以见到的野菊花几乎都拍到了。

"霜风渐欲作重阳,熠熠溪边野菊香。"(宋苏轼《捕蝗至浮云岭,山行疲苶,有怀子由弟二首·其二》)诚如东坡先生所言,野菊之美,不仅在于熠熠生辉的亮丽色彩,也在于它们的自然清香。在天高云淡的秋日,且让我们去东钱湖山中赏野菊吧。

🖊 山野何处觅野菊

先来推荐几条我觉得不错的赏秋菊的线路,便于大家循路出游。

第一条,是韩岭村南边岭南古道旁的盘山公路。大多数到这个地方来的人,是沿着历史悠久的山径即古道本身直接登山了,走这条路固然可以很快到达山顶(由于几乎是直线上山,路稍稍有点陡),但沿线的野花不是很多。如果要赏野花,我更推荐走盘山公路。这条盘山公路的入口,与岭南古道的入口,就隔了一个停车场。它虽说是公路,但并没有柏油、水泥之类的人工铺装路面,而是原始的砂石路面,道路宽阔平整,走起来不累,非常适合缓步慢走,边走边寻找野花、野果。不过,由于是绕来绕去、盘旋而上的公路,因此要走到山顶的话,得花数倍于沿古道登顶的时间。好在如果是为了看花,其实并不需要走到顶,走一半即可返回。沿线可以看到三脉紫菀、陀螺紫菀、翅果菊、一点红、野茼蒿、豨莶、一年蓬等,尤其是别的地方相对较少的陀螺紫菀,在这条路边可以发现很多。这条路很安静,除了偶尔有车辆经过外,几乎没有行人。走走停停,看看花,听听鸟鸣,也是蛮惬意的事。

岭南古道旁的盘山公路

洋山村附近山路旁的小溪

深秋的大嵩岭古道

城杨村风景

城杨村的亭溪岭古道

　　第二条，是洋山村东南边（往延寿寺方向，不到一点左拐）通往茶场的山路。我估计，这条路，除了当地人以外，很少有游客来走。不过我倒很喜欢这条位于山脚的僻静小路，别看它不起眼，但本文一开头提到的各种野生菊科植物中的绝大多数，都可以在那里看到——当然不是在同一天内，而是得多走几次。对了，走这条路赏野花，只要在山脚走走即可，无须沿路上山，因为上山之后路边的野花种类反而要少。

　　第三条，推荐洋山村的大嵩岭古道。穿过洋山村后，就是山脚的开阔地，以农田为主，然后就是沿着古道一路上山，路边有小溪相伴。由于环境类型多样，且沿线有水源，因此路边所能见到的各种野生植物很丰富，也是秋天观赏野花野果的好去处。

　　第四条，是城杨村附近的山路，包括亭溪岭古道。城杨村风景很好，鼎鼎有名的亭溪岭古道之美更是自不待言，秋天去那里走走也可以看到很多菊科植物。限于篇幅，兹不详述。

🖊 秋菊摇曳山路边

接下来择要介绍几种常见的野生菊科植物。

如果不算花期很长（从夏季可以一直延伸到秋季）的马兰与一年蓬之类，那么本地最早开花且又最常见的野生"秋菊"，恐怕非三脉紫菀莫属，几乎在任何一条山路边都可以看到很多。通常，从9月中下旬，它们就开始成批开放，而到了10月，更是进入了盛花期。

可能有人会好奇，为什么它叫"三脉紫菀"？那就先来解释一下这个名字："三脉"的"脉"是指叶脉，本种的辨识特征是具有"离基三出脉"，即在离开叶片的基部一点距离后才在主脉两侧生出一对明显侧脉；而"紫菀"是菊科的一个属，即菊科紫菀属。这种解释虽说难免枯燥，但对于有心认识野花的人来说，还是有用的。

很多菊科野花是舌状花与管状花相结合的，三脉紫菀的花朵中间是管状花，有的是黄色，有的偏紫红；而周边的舌状花绝大多数呈白色或白

三脉紫菀

陀螺紫菀

中带很浅的紫色，因此，我们通常觉得它们的小花是白色的。不过，2018年10月20日，在洋山村附近的山路上，我看到了一大片开粉色花的三脉紫菀，看惯了低调朴素的白色三脉紫菀，突然发现一丛娇艳的粉色花，就觉得很惊喜。

相对于随处可见的三脉紫菀，陀螺紫菀就要少见一些。那么该如何区分这两种长得比较相似的野花呢？首先，最直观的，是看花朵的大小，三脉紫菀的花直径只有一角钱硬币大小，而陀螺紫菀的花比一元钱硬

陀螺紫菀（手绘）

一点红

币还大；其次，从花色
来看，陀螺紫菀的管状花的
颜色跟三脉紫菀差不多，通常为黄
色或红褐色，而舌状花较少为白色，以紫色
成分偏多；再次，看花朵所生的位置，三脉紫
菀的花一丛丛开于植株的顶部，而陀螺紫菀的花
生于叶腋，沿着枝条一路开下来，宛然一条缀满了花
儿的柔鞭；最后，还有一点，那就是陀螺紫菀的"花序
梗"（花跟茎相连的部分）十分有特色，其上有呈覆瓦状
排列的总苞片，好似爬行动物身上的鳞片。

　　一点红、野茼蒿也是很常见的菊科植物，它们长得也有
点相似。一点红的淡紫色的花非常小，星星点点散布在路边，
粗看上去，很像是若干红点在风中轻轻晃动，因此"一点红"

野茼蒿

这个名字可谓名副其实。但通过微距镜头，我看到了一点红的小花也拥有非常精致的结构，令人叹为观止。一点红的花是朝上的，而野茼蒿的花通常是向下开的，如低头状。当然，两者的叶形等特征也不同。到了果期，它们都跟蒲公英一样，细小的种子自带"降落伞"，微风一吹，就脱离植株，飘然而去。

在大嵩岭古道旁，哪怕在寒冷的 12 月，也能见到千里光。千里光是多年生攀缘草本，开花时节，有时老远就可在路边灌木丛中看到金闪闪如瀑布一般的无数小花 —— 这个特征不知跟"千里光"这个名字有无关系。又或许，这个名字是跟其药效有关。千里光是比较常用的中草药，可以全草入药，具有清热明目（可以看得很远）之功效。

相对而言，花叶俱美的大吴风草不是很常见。它的叶子贴近地面，硕大而圆，近乎荷叶，这跟普通的菊科植物的叶子相差甚大。后来我才注意

千里光

大吴风草

028

到，原来大吴风草在宁波街头也有广泛种植。看来，这种野花如今早已从山野进入城市，在公园绿地中得到广泛运用。人们常说"家花哪有野花香"，但只要运用得当，野花亦可变"家花"。从园林绿化的角度看，优选、培育一些美丽的乡土野花，将其引入城市，岂不也是美事一桩？

大吴风草与红灰蝶

✍ 难以区分的野菊

　　最后顺便说一下关于野生植物鉴别的事。2018 年 11 月 23 日，我再次去走洋山村附近的那条山路。时值秋末，三脉紫菀、陀螺紫菀、泽兰等菊科植物的花期基本已过，因此没看到几种正在盛开的野花。中午时分，我准备原路退出转到大嵩岭古道去看看时，忽然发现溪边有很多黄色的野菊花。

这些野菊花明显比我以前在四明山里见到的要小，其直径不到2厘米，而原先在四明山里常见的野菊花直径通常有3—4厘米。如果按照《浙江野花300种精选图谱》的描述，这应该是甘菊（书上说，甘菊的花直径为1—2厘米），而不是花的直径通常为2.5—4厘米的野菊（特别注明：这里的"野菊"，正是这种植物的正式中文名，而非泛指的野菊花）。但我看过几篇关于甘菊与野菊鉴别的文章，却是越看越糊涂，觉得很难分清楚这两种高度相似的菊科植物，甚至有不少资深植物爱好者也撰文称没有百分百的把握能在野外准确区分它们，甚至戏称看到类似的难以准确定名的菊科植物就"直接一脚踩死"。

甘菊

野 菊

　　一开始，我也常为植物的准确鉴别问题发愁，但后来安慰自己说，既然无力区分，不如顺其自然。或许，野生动植物分类之复杂，也是大自然本身的无限丰富性与多样性所决定的吧，人类的分类法在很多时候是很无力的。尤其是对于像我们这样的普通自然爱好者来说，有时候"不求甚解"，而更多地去专注于欣赏自然之美，恐怕是更好的选择。

04
油点草的智慧

油点草

1911 年,比利时作家莫里斯·梅特林克的作品《花的智慧》获得了诺贝尔文学奖。在梅特林克的笔下,各种花儿为了实现授粉,达到繁殖的目的,可谓"煞费苦心",处处体现了造物之神奇。

2018 年秋天,我行走在东钱湖的大嵩岭古道,在路边发现了一丛开得正好的油点草。我不是第一次见到与拍摄这种野花,但那一天,我突然好奇心起,想弄明白这种造型奇特的花儿到底是如何实现传粉的。于是,蹲在一旁观察了好久,忽然若有所悟。

在这里,就以油点草的智慧为由头,顺便再描写几种东钱湖常见野花的巧妙"心机"。

花如"小丑帽",暗里藏"玄机"

2018 年 9 月 27 日,阳光很好,气温宜人。我缓步行走在大嵩岭古道

油点草

盛开的油点草

上，边走边观察两旁的植物。过了半山腰的山塘，忽见前方的路边探出几朵造型奇特的小花来。盛开的它们，跟阳光一样灿烂。走近一看，呦，是油点草！很久不曾见过了。

油点草，是百合科的多年生草本，不大常见。它的绿叶上常生不少灰黑如油迹的斑点，故名"油点"。不过，据我个人有限的观察，似乎在春天的新叶上比较容易见到这种油斑，而到了夏末秋初的盛花期，叶子上很少见到油斑。

较之叶子上的斑点，油点草的花更显奇特。浙江的资深植物爱好者"小丸子"说："(油点草的)小花显得小巧玲珑，十分诱人，我以为它像极了一盏台灯。如果能够栽种成功，放在案头，装点书桌、窗台、茶几，肯定别具风味。"

还有一位网友描述得更为仔细，也更有想象力："油点草的花苞就很奇特，感觉像是有只红色条纹章鱼要从一个桶里钻出来。开花之后样子更加奇特 …… 就像小丑头上的帽子 …… 或许，山里的神秘精灵会把油点草花摘取当帽子用。"

为什么油点草的花会给人这些想象？

那是因为，它的花分上下两轮，造型非常精致：下面一轮，是反折的花被片，呈白色或淡红色，上有紫红斑点(此乃"蜜标"，具有诱导昆虫前来停歇、采蜜的作用)，其基部膨大成囊状(俯身向上观察花的底部会看得更明显)；上面一轮，有6枚雄蕊，它们先向外伸出，有着很多花粉的顶端却又向下低垂 —— 看上去有点像一把板刷。

油点草(手绘)

湖山野芳

油点草的花底部的"囊"

那时，我突然记起了梅特林克的《花的智慧》，因此想，油点草的花这么奇特，其中必有缘故。为了弄清楚原因，我索性手持相机，蹲在边上守候来访的昆虫，意图看个究竟。没多久，一只满身绒毛的熊蜂飞了过来，这家伙停在下轮的花被片上，低头往囊状的基部探寻。我想它是在吃隐藏在里面的花蜜吧。不过，小花留给它的空间实在不多，因此当这只熊蜂在那里蹭来蹭去时，它的背部就沾满了低垂的"板刷"上的花粉。而当它飞到另外一朵花上重复刚才的过程时，背上的花粉自然而然被带到了另外一朵花上，从而完成了异花传粉。

✍ "翠蝶"欲飞，引来"虫媒"

跟油点草一样，鸭跖（zhí）草的花的造型也很独特，都是属于让人过

鸭跖草

食蚜蝇在鸭跖草的花上『就餐』

目不忘的小花。鸭跖草为鸭跖草科的一年生草本,花期很长,从初夏到深秋均可见到,在宁波,以 9 月和 10 月为盛花期。在东钱湖区域,山中古道旁很容易见到它们。

　　鸭跖草的名字有点令人难以索解。跖,指的是"脚面上接近脚趾的部分",也可指脚掌,还可以作动词,是踩踏之意。但"鸭子的脚掌"与"鸭子踩踏",似乎都跟这种植物的模样扯不上关系。有人猜测说,鸭跖草喜生于溪流、河沟等阴湿地带,故常有鸭子来踩踏。这个说法总觉得有点牵强。据我所见,这种植物的适应能力很强,甚至在干旱的岩石上也能见到成片开花的鸭跖草。

　　鸭跖草有很多俗名,如竹叶菜、碧蝉花、翠蝴蝶等。实际上,还是这些俗名更为形象。它的叶子形状很像竹叶,故名竹叶菜。而由于它的花的造型十分独特,如作势欲飞的昆虫,故又有碧蝉花、翠蝴蝶之称。提到鸭跖草,人们常爱引用宋代诗人杨巽斋的《碧蝉花》:"扬葩簌簌傍疏篱,薄翅舒青势欲飞。几误佳人将扇扑,始知错认枉心机。"

　　不过,在我看来,与其说鸭跖草的花像碧蝉,还不如说像翠蝶。2018

年 10 月 1 日，我到绿野村山里的黄菊岭古道（一说"王君岭古道"）走走，刚经过村后的小水库，就见到路边有好多盛开的鸭跖草。阳光穿过树枝的间隙，点亮了它们的小花，光影效果很美。于是，就蹲下来仔细观察、拍摄。最显眼的，自然是上方的两枚天蓝色的花瓣，它们轻薄如蝉翼，很像是扇动的蝶翅。其实，鸭跖草的花还有一枚白色的半透明的小花瓣，它非常低调地躲在花朵的最下面，而且容易萎缩而早落，因此不易为人所注意。

除了张扬的蓝色花瓣，鸭跖草的花的另外一个特别之处，就在于拥有非常独特的"异型雄蕊"。其雄蕊共六枚，花的最中间有三枚并排的矮小雄蕊，看起来像是这朵花的狡黠的小眼睛。这是三枚已退化的雄蕊，顶端的花药（花药是花丝顶端膨大呈囊状的部分，是雄蕊产生花粉的地方）为鲜艳的黄色（中央是紫红色），不可育，只起到吸引昆虫飞来的作用。真正具有可育花药的，是下面的三枚雄蕊。这三枚中有一枚的花丝较短，所处位置靠近三枚退化雄蕊，而另两枚雄蕊具有细长的卷须，几乎与不起眼的雌蕊等长（有的花见不到雌蕊）。

现在好戏开场了。有一只食蚜蝇飞来，它直奔鸭跖草的花中央的雄蕊而去，先在那里振翅悬停了很短的时间，然后就轻轻着落在卷须状的雄蕊上。自然而然地，这只食蚜蝇的脚与胸腹部都沾上了有活性的花粉，当它飞往另一朵花进餐时，就替鸭跖草完成了传粉。

我在一旁观察了很久，发现光顾鸭跖草的访花昆虫主要是身体轻盈的食蚜蝇，偶尔也有熊蜂。但对于娇弱的鸭跖草的花儿来说，个子较大的熊蜂已经显得有点笨重了，会把小花弄得东摇西晃。

✍ 花的智慧，各有不同

　　以上说的油点草与鸭跖草，都是"以虫为媒"，故千方百计"打扮"自己，以吸引昆虫前来，帮助自己完成传宗接代的任务。还有的花，除了依靠虫媒外，同时还发展出了一套保护自己的策略，也很有意思。

毛梗豨莶

这里说说毛梗豨莶的故事。这是一种比较常见的野生菊科植物，但它的花的样子和三脉紫菀、甘菊、千里光等"常规"菊科植物有很大不同，可以说是最不像野菊花的菊科野花。豨莶，也是一个很奇怪的名字。豨，就是猪的意思；莶，是指有辛味。合起来，大概就是说这种草的气味不好闻。明朝李时珍《本草纲目》的草部就有"豨莶"这一条，其中说："楚人呼猪为豨，呼草之气味辛毒为莶，此草气臭如猪而味莶螫，故谓之豨莶。"我没折豨莶草来闻过，故不知它的气味如何。这里单说它的花。

2018 年 10 月 30 日，我沿岭南古道旁的盘山公路下山的时候，在一个拐弯处看到两株大香樟树。树冠中传来聒噪的鸟叫声，一听，乃是灰树鹊的叫声。抬头一看，果然是很多灰树鹊在上面大口大口啄食香樟的小而圆的黑色果实，搞得簌簌作声，果实落得满地都是。我一低头，看到树下有好几株毛梗豨莶，花开得正好。小花的外围有 5—6 根长得不像是花瓣的东西，实际上它们是苞片。用手指碰一下这些苞片，觉得有点黏。通过微距镜头拍摄，放大照片后一看，这些苞片上有很多微小的"水滴"，但猜不出此为何物，又有什么用。

回家后，我上网搜索，也找不到问题的答案。后来，把毛梗豨莶的花的特写发到了朋友圈，向高手请教。很快，我的一位朋友 —— 在中国科学院西双版纳热带植物园工作的刘老师，回复我说：这些微小的"水滴"，正是一种黏液，可以粘住某些以植物为食的小虫子，而被粘住的小虫可以吸引肉食性的虫子前来。由于这些肉食性虫子个子较大，因此不会被粘住，于是在不经意间成了毛梗豨莶的"保镖"，保护植株不被植食性的虫子啃食。

如果说毛梗豨莶是巧借外力来保护自己的话，那么夏天无则是通过夏眠的方式，与其他植物"错时竞争"，由此来保证自己的生存与发展（详见本书《夏天无与老鹳草》一文）。

05
春日观花笔记

刻叶紫堇

花开花落,四季轮回。2018年,我背着相机,三天两头行走在东钱湖美丽婉约的山水之间,最容易观察和记录的,自然是野花了。我每隔几天就要去一趟东钱湖进行自然观察,尽管每次的目的不都是拍摄野花,但在不知不觉间,还是记录下了这个区域大部分的常见野花。

虽说野芳自香,野花本不是为了娱人眼目而开放,但它们的美丽,总能在不经意间打动我们。前文已经介绍了部分野花,在这里,想以四季为轴,继续跟大家分享我在2018年见到的东钱湖野花,大家权当这是一份赏花攻略吧。

事先说明一下,我不是植物专家,虽然近5年来一直在学着认识野花、拍摄野花,但具体描述起来或许并不那么到位,甚至可能会有这样那样的偏差。也请诸位不妨跟随一位自然爱好者的脚步,漫步东钱湖畔,走过一年四季,共同领略野花之美。

萧瑟二三月，野花来报春

2月中下旬至3月上旬，若非碰到回暖特别快的年份，那么在气象学的意义上，宁波通常还处在冬季。乍一看，大地依旧一片枯黄萧索、了无生气的样子。然而，大自然才不会这么刻板无趣呢，此时多到山野之间走走，仔细观察，却不难发现，春意已经开始萌动：好几种小野花悄然冒出了地面，仿佛在好奇地打量这个世界；少数"心急"的鸟儿开始换羽，把自己打扮得漂漂亮亮的……

2018年2月12日，晴。我穿过洋山村，走大嵩岭古道。刚离开村口，就见到路边有一丛贴地而生的蓝紫色的小花，呦，阿拉伯婆婆纳开花了。这种小野花极常见，田间地头，到处都有，相信大多数人都见过吧，只不过未必都知道它的大名罢了。走到山里，往对面的山坡上一看，只见几抹鲜黄的色彩特别显眼。原来，那是檫木开花了。到了2月下旬与

阿拉伯婆婆纳

檫木

格药柃

珠芽尖距紫堇

黄堇

毛花连蕊茶

3月初，这种先开花后长叶的乔木，便迎来了盛花期。阿拉伯婆婆纳和檫木，分别是一种小草和大树，每当冬末春初，总是它们率先为我们带来早春的气息。

2月23日（注，下文所标月份与日期均指2018年）早晨，天气颇冷。走过马山湿地旁沿环湖南路的山脚，在阳光没有照到的地方，忽然发现几株刻叶紫堇开出了紫红的小花，花朵和叶子上都布满了冰冷的露水。它们开得真早啊! 后来走进南宋石刻公园，看到格药柃、山矾等也开得热闹。格药柃的小花像一个个紧挨在一起的洁白的小铃铛，而山矾的白色花朵也是簇生在一起，远看整条树枝都是毛茸茸的。

到了3月，东钱湖的乡野间，就到处可以看到罂粟科紫堇属植物的小花了。最常见的，当然就是刻叶紫堇 —— 它的叶子具有明显的缺刻，故名。此外，山路边还常能见到珠芽尖距紫堇、黄堇（似乎特别喜欢生长在溪边、老房子的石缝里）、夏天无等。夏天无这种小花，在大嵩岭古道旁

山莓的花   长萼堇

特别多,花色主要有两种,比较多的是粉紫色,少数是蓝紫色,其盛花期在3月至4月上旬。城杨村的亭溪岭古道,也是早春观赏紫堇属植物的好地方。

　　3月1日,绿野村附近的黄菊岭古道,毛花连蕊茶与山莓夹道而开。毛花连蕊茶,一种野生的山茶。行走在山路上,往往先看到掉落在地的洁白的花瓣,抬头才看到满树花儿。那天,好多蜜蜂围绕着低垂的花朵采蜜,一副春意盎然的样子。山莓,蔷薇科悬钩子属的植物,枝条多刺,朴素低调的小花也是朝下绽放的。到了春末,山莓的红红的果实很诱人哦。摘一颗入口,酸酸甜甜,好吃!

一种开白花的堇菜

3月8日,南宋石刻公园。在几个石像旁的空地上,在落叶的簇拥中,长萼堇菜开花了。它真的有点像披着紫色头巾的村姑啊,俏丽多姿,仿佛还带着一丝淡淡的傲气。长萼堇菜有个亲戚叫"紫花地丁",两者长得就像双胞胎。从"地丁"这名字就可以知道,这花是多么不显眼。早春也是堇菜属野花的天下,除了长萼堇菜,还可见到犁头草、紫花堇菜、如意草等。出了公园,在门口的公路边,夏天无到处都是。而在附近的田野里,几朵金黄色的小花,让我眼前一亮。这是第一批开放的蒲公英,它们是如此羞涩,几乎贴地而生。你若蹲下身来,就能看到花的下面是平铺于地面的叶子。叶子的边缘,呈齿状或羽状裂开。

3月中下旬,野花更多了,没法仔细说了。如,在环湖东路的湖畔,诸葛菜(又叫二月兰或二月蓝)的紫色花儿有不少。这是一种属于十字花科的植物,也就是说,跟油菜花属于同一个科——只要看花瓣的造型就

蒲公英

二月兰

碎米荠

枸骨

木通

知道为啥叫"十字"了。在下水村附近的官驿古道,映山红成片盛开。此外,还有碎米荠、蛇莓、枸骨、珠芽尖距紫堇、黄堇等也正开得热闹。

若论3月在东钱湖区域见到的最别致的野花,则非木通的花儿莫属。3月29日,走过马山湿地旁的山脚,偶抬头,发现一株藤本植物上挂下来好多紫红色的小花,原来是木通(又叫"五叶木通",其果实可以食用,有"野香蕉"之称,详见本书《秋天的"奇异果"》一文)。其雌花具有三枚暗紫色的萼片,它们长得有点像三把没有柄的小勺子,十分有趣。

"天街小雨润如酥,草色遥看近却无。最是一年春好处,绝胜烟柳满皇都。"我十分喜欢唐朝韩愈的这首咏早春的诗。二三月间,万物萌动,但毕竟春意不浓,所谓"草色遥看近却无",需要我们慢慢寻觅,用心感受。这个时候,哪怕只是找到最寻常的小野花,也会感到分外惊喜。

毛茛

✍ 四月五月，春深不知处

人间最美四月天。此时春意渐浓,各种花儿竞相在这个气温、湿度都很宜人的季节里展现自己最美的容颜,引得蜂飞蝶舞,一片热闹。

4月8日,我行走在福泉山景区的山脚小路上,一只出来晒太阳的铜蜓蜥,懒洋洋地待在路边的石头上,见我走近也不跑。路两边,毛茛成片盛开,亮黄色的花朵在阳光下特别显眼,仿佛在夹道欢迎我。蓬蘽(lěi)的洁白的花儿也到处都是 —— 不过,对于这种著名的蔷薇科植物,大家更熟悉的是它的果实。到了5月初,蓬蘽的果实便熟了,酸甜可口,人称"野草莓"。

远处的山坡上,可以看到如微型瀑布一般的紫藤的花。檵(jì)木也进入了盛花期,这种野花特别好认,很多花儿簇生在枝条上,花瓣像是扯碎了的小小的白纸条。石斑木的花儿在枝顶密集绽放,白色的平展的花

蓬蘽

石斑木

瓣,映衬着或鲜红或洁白的长长的花蕊,也十分引人注目。莢蒾的白色小花同样喜欢簇生在枝顶,只是更为密集。映山红不必说了,随处可见。不过,在福泉山景区内的盘山公路旁,我惊喜地看到了另外一种相对来说不大常见的杜鹃花——马银花。它的花瓣是淡紫色的,比鲜艳的映山红要低调得多。不过,繁花满树的马银花,照样非常美丽。那天还看到一种名为"老鼠矢"(其实就是"老鼠屎")的小树在开花(详见《夏天无与老鹳草》一文)。

　　从福泉山中出来,顺道到马山湿地看花。发现刻叶紫堇已经结果了,当我蹲下来拍这种有点像绿色的小豆荚的果实时,无意中碰到了植株顶部的几枚果实。没想到,一枚"小豆荚"竟突然自动爆裂、反卷,弹射出里面的种子,我的脸上"中弹",竟然微微有点疼。看来,这弹射的力道还是蛮大的嘛。植物妈妈传播种子可真有办法!

莢蒾

马银花

蒲儿根

还亮草

4月9日，去大嵩岭古道拍野花。上山时遇到一位八旬老人，他背着双肩包、拄着一根木棍，独自进山。老人告诉我，他很喜欢这里的山山水水，因此特意在洋山村租了房子，经常带着干粮与水，一个人走古道，而且一走就是一整天。我问他，这样走不累吗？他说，不累，反正又不急着赶路，觉得有点累了，就坐在路边休息一下，看看野花，听听鸟鸣，很开心的。听他的谈吐，觉得他是一个很有文化的人。不过我也没有细问，而是目送着他的背影，看他缓步走入绿色的古道深处。

那天，在山脚的路边，蒲儿根已经开花了（四五月间，这种菊科植物在宁波的山路旁几乎随处可见，而且都是成片出现）。就在蒲儿根金黄色抢眼的花儿旁边，同时绽放的，还有还亮草那蓝紫色的小花。还亮草是毛茛科翠雀属的多年生草本植物。别看人家花儿小，但造型独特，朵朵小花还真像一只只展翅欲飞的翠雀呢！

047

毛茛叶报春

风轮菜

金樱子

不过，那天在大嵩岭古道观花的最大收获，是见到了几丛毛茛叶报春。在浙江有分布的报春花很少，总共才两种，即毛茛叶报春和安徽羽叶报春。毛茛叶报春的野生种群已比较稀少，需要加强保护。我所见到的那几丛毛茛叶报春就盛开在古道的石缝里，淡紫红色的小花简洁而精致，把这段古道点缀得别有一番风味。

4月中旬，经过环湖东路，在湖畔的自行车道漫步，寻找野花。金樱子、风轮菜、野老鹳草、泽珍珠菜、络石……各种花儿令人目不暇接。4月底到5月，天气渐热。进入福泉山景区及绿野村后的黄菊岭古道，但见草木越发繁盛，花儿渐少，而蓬蘽、山莓、胡颓子等美味野果开始亮相。

5月8日，环湖东路，金银花很多。这种植物是著名中草药，故为人所熟知。不过我在路边还见到了一种人们不大注意的微小的花，其花序如一把打开的伞。显然，这是一种伞形科植物。后来一查，发现这种植物的名字很有趣，叫作"窃衣"。5月中旬，我拍到了它的果实，顿时明白了它为什么叫"窃衣"——原来就是

络石

泽珍珠菜

金银花

窃衣

"一声不响,窃附于衣"的意思。这果实像是微缩版的苍耳,全身密布细刺,很容易黏附在行人的衣服上。

5月18日,马山湿地内,一丛丛的水苏开得正好。这是一种唇形科植物,花瓣如唇,其上多紫红斑点。而一旁的湖面上,金黄的荇菜大片盛开,观赏效果非常好。不过我想,这里的荇菜这么多,应该是人工种植的吧。

水苏

06
夏秋观花笔记

栀子花

通常，到了 5 月末，宁波已经入夏。至此，春天的堪称轰轰烈烈的盛大花事已经过去，夏天的野花种类比春天大大减少，秋天的花儿虽然多一点，不过以菊科植物最为常见。由于有关东钱湖区域夏秋时节的野花，已有《水上花》《山中"踏秋"赏野菊》《油点草的智慧》这 3 篇文章，因此下文对夏秋野花仅择要做简单梳理。

5 月 24 日，大嵩岭古道，叶形奇特的元宝草开花了。这是一种藤黄科金丝桃属的植物，花期持续整个夏季。它的黄色小花，虽没有宁波市区常见园林植物金丝桃那么大而艳丽，但基本花形还是差不多的。比起花，元宝草的叶子更引人注

元宝草

栀子花

目：叶片呈长椭圆形，两枚相对而生的叶子的基部合生为一体，把茎"抱"在中心。

6月1日，我带队夜探马山湿地时，有人忽然说："看，这满树的白花是什么花呀？"哦，原来是山脚的木荷开花了。这是一种属于山茶科的常绿乔木，花朵集生于枝顶。

6月中旬，福泉山中，栀子花不少。跟金银花一样，新鲜的花为白色，而快萎谢的花儿为黄色。

6月25日，在当初看到木荷的附近，马鞭草科的大青开花了，其花蕊如丝，长长地伸出于花冠之外，特点十分显著。同为马鞭草科的牡荆，也在一旁开花了。这是一种落叶灌木，其聚伞花序组成圆锥状花序，单朵的花为淡紫色，唇形。

7月13日，跟环湖南路相接的兴凯路附近的小河畔，春天时人们爱吃的野菜——马兰，如今进入了花期，绽放出了清丽的花朵。马兰的花期很长，可以从初夏一直持续到中秋。它是典型的菊科植物，中央的管状花为黄色，四周的舌状花乍一看为白色，实则为淡淡的蓝紫色或粉紫色。那天，由于其他的野花很少，我蹲在河埠头，拍这一丛马兰拍了好久，后来发现，有朵花上趴着一只"人面蜘蛛"——我不懂蜘蛛的分类，感觉这像是一种蟹蛛。蟹蛛不结网，而是隐伏在花草中袭击经过的昆虫。

7月26日，夜探马山湿地。在高亮手电的照射下，看到了王瓜的奇特的花儿：花白色，花冠四周是很长的丝状流苏，犹如洗去泥沙的悬空的植物根系。王瓜是属于葫芦科栝楼属的多年生草质藤本植物，秋天成熟的果实为橙红色，像一个个小灯笼挂在那里，挺好看的。

8月20日，走大嵩岭古道，虽说已近8月末，但古道上的各种植物依旧遮天蔽日。背着器材行走其中，感觉比较闷热，没走多少路就已经汗流浃背。所幸，此时已到夏末，花儿也多了起来。醉鱼草已

大青

牡荆

马兰

王 瓜

醉鱼草

绵枣儿

龙芽草

杠板归

进入盛花期，穗状花序上集生了很多紫红色的筒状小花。百合科的绵枣儿与蔷薇科的龙芽草都开花了，靠近山脚的路边有不少。它们的花都很小，一朵朵挨在一起，点缀着柔弱的茎。蓼科植物杠板归，沿路特别多，花和果同时都有了。还见到了一种铁线莲的花，小小的，白色。最值得一记的是，那天看到了很多刚开花的少花马蓝。这种花不是很常见，以前我在宁海山里见过。它是属于爵床科马蓝属的多年生草本，紫色的花冠呈漏斗状，下部狭细，有点像播放老唱片的喇叭。

8月22日，福泉山中，鸡矢藤、萝藦的花有不少。萝藦的花，白色中带有紫色，其形状特别像一个毛茸茸的海星。

9月4日，洋山村附近的田野里，俗称"彼岸花"的石蒜有很多，有时沿着田埂全是它们的红花。溪流畔，接骨草也有不少，有的盛开着花，白色的小花非常密集，顶生，形成如伞一般撑开的"复伞形花序"；有的已经结

少花马蓝

萝藦

石

果，呈浆果状的核果为鲜艳的红色，晶莹剔透，非常好看。在附近的盘山公路旁，野葛也在盛开。这是一种属于蝶形花科的多年生草质藤本。次日，环湖东路的湖畔，野葛也很多，过于繁盛的它们有时会把整棵树包裹起来。湖边山脚的灌木丛中，居然有一株开花的野生紫薇。

　　9 月 10 日，南宋石刻公园里，惊喜地见到了水生植物水车前的清秀脱俗的花儿。

接骨草

9月19日，马山湿地。山脚，蝶形花科的美丽胡枝子、漆树科的盐肤木的花儿盛开。湖面上，欧菱开出了不起眼的白色小花；黄花水龙的花也有不少。湿地内的木栈道旁，开花的翅果菊很多。

紫 薇

9月27日，再走大嵩岭古道。田野路边到处都是盛开的白花败酱，绵枣儿也在成片开放。山路边，开花的少花马蓝还有很多，此外还有不少紫苏、田麻的花。在半山腰，惊喜地遇见油点草的花儿，蹲在那里拍了半天，看昆虫是如何为这种造型奇特的花儿传粉的。

白花败酱

那天惊喜不断。拍完油点草后，往上走了没多远，见到了一种以前从未见过的漂亮野花，只见二三十朵蓝色的小花密集地生于一株小灌木的枝头；叶子为椭圆形，顶端较尖，叶缘有细小锯齿。拍完后回家，请教了几位资深植物爱好者，大家告诉我，这种植物名叫常山，属于虎耳草科的，在宁波比较罕见。后来，我翻《浙江野果200种精选图谱》，看到里面也记录了常山的果，说它的果实为蓝色，"悦目养眼，可作观果灌木"。不过，

田 麻

常 山

我看到这本书上说，常山在浙江的花期是6—7月，不知为何大嵩岭古道旁的这株常山于9月底盛开。

进入10月，大量植物进入了果实成熟期，此时到了秋天赏野果的最佳季节。至于野花，几乎是菊科植物一统天下。关于野果与菊科野花，由于已有专文讲述，这里不再重复。

11月13日，从城杨村上亭溪岭古道，在半山腰的路边见到了盛开的格药柃——就是前文提到过的，于2月23日在南宋石刻公园见到的小花。查《中国常见植物野外识别手册（古田山册）》，得知格药柃为山茶科柃木属常绿灌木，花期可从10月持续到次年2月，因此是我们这边可以见到的寥寥几种冬季野花之一。

最后来个小结。到东钱湖看野花，重点推荐以下地点：1. 马山湿地，那里虽然地方不大，但植物生境比较多样，既有半人工的湿地，也有山脚，还有湖面，因此可以看到多种类型的野花，适合观赏季节为春夏秋。2. 洋山村周边区域（尤其是大嵩岭古道），原生态环境非常好，野花种类繁多，不乏比较罕见的野花，最佳观赏季节为春秋。当然，不仅是因为盛夏野花很少，还考虑到这个时节进入大嵩岭古道的话，由于植物非常繁盛，遮天蔽日，光线较暗，且比较闷热，因此不利于观花。3. 城杨村周边（重点是亭溪岭古道），此区域环境清幽，景色很美，可谓赏花观景两不误，最佳观赏季节为春夏秋。4. 岭南古道及附近的盘山公路，最佳观赏季节为春秋。5. 环湖东路的湖畔，最佳观赏季节为春天。

早春的马山湿地

四季野果

SIJI YEGUO

07
覆盆子：春末的盛宴

掌叶覆盆子

　　有花就有果。前面介绍了东钱湖的野花，接下来我们就讲讲野果的故事。我自幼在江南水乡长大，几乎日日都和小伙伴在山野之间玩耍。家乡的河边有座小山名叫包家山，更是我们爱去的地方，爬树、捉虫、探洞……当然最喜欢的是采摘美味的野果。每年 5 月下旬，麦子成熟的时候，一种方言呼为"野麦莓子"的野果总让我们垂涎欲滴。

　　但 30 多年来，除了记得这种野果很像鲁迅所说的"覆盆子"，且其枝条多刺之外，我一直没弄明白它到底是什么。直到 2018 年的春天，由于我经常到东钱湖一带进行生态调查与摄影，才开始认真关注野果，同时也终于知道家乡所谓的"野麦莓子"就是茅莓。

　　一年下来，我在东钱湖周边的山水之间，拍到了几十种野果。它们可以分为可食野果与观赏性野果两大类。这里先介绍跟"覆盆子"相关的一些野果，这也是普通人相对比较熟悉的一类野果。

🐛 春末的野果盛宴

"如果不怕刺，还可以摘到覆盆子，像小珊瑚珠攒成的小球，又酸又甜，色味都比桑葚要好得远。"鲁迅的《从百草园到三味书屋》非常有名，还入选了语文课本，因此"覆盆子"一名也由此为人所熟知。

这里的"覆盆子"，属于蔷薇科悬钩子属的植物。在东钱湖区域，悬钩子属植物的野果很多，如春夏之际的蓬蘽、山莓、空心泡、掌叶覆盆子，以及秋冬时节的高粱泡、寒莓等，都是。这些果实中的好几种长得比较相似，难以分清，于是有很多人受鲁迅文中描述的影响，将它们一律称为"覆盆子"，也有人称它们为"野草莓"或"树莓"之类。

翻《浙江野果200种精选图谱》，方知按照现在的分类法，"覆盆子"乃是指掌叶覆盆子（也叫掌叶复盆子），其叶子有5处深裂，如叉开手指的手掌，故名"掌叶"。它的花是向下开放的，因此其果实也是悬在枝条之下。书上说，其"未成熟的果实入药，名'覆盆子'，具补肾益精之功效，名称意为男人服用后阳气大增，小解能将尿盆打翻"。这段关于覆盆子神奇功效的描述，读来令人不禁哑然失笑。由于掌叶覆盆子的果实味道鲜美，而且有一定的保健功效，如今在东钱湖附近的农村专门有人种植，据说销路挺好的，卖得也不便宜。

但不知鲁迅说的覆盆子，是否就是掌叶覆盆子，或许是其他类似野果也未可知。随便翻翻书，就发现浙江悬钩子属的

掌叶覆盆子

蓬蘽

空心泡

野果起码有二三十种,好几种的叶与果都很相似。比如蓬蘽与空心泡,无论是花、叶还是果,都非常像,但小枝上的叶子数量不同。宁波的植物爱好者小山老师这样介绍分辨这两种植物的经验:"我平时主要靠数叶子来辨识。蓬蘽一般三小叶,偶尔五小叶;而空心泡一般五小叶,偶尔七小叶,叶子有五有七的,一般是空心泡。"

东钱湖春夏间的野果,最常见的,当属蓬蘽、山莓和空心泡。尤其是蓬蘽,甚至在城镇里都不难见到 —— 通常是因为来自山里的泥土随着园林花木入城,其中含有蓬蘽的种子。由于蓬蘽到处都有,而且结的果实又多,常老远就能见到红彤彤的一片,因此这是大家最熟悉的"野草莓",宁波人也叫蓬蘽为"阿公公"。蓬蘽一般于2月下旬开花,3月中旬至4月初为盛花期,4月底就有第一批果实,5月上旬为盛果期。

山莓

山莓在山里极为常见。它开花很早，在冬末春初的二三月间，大地还是一片苍茫萧索，山路边的灌木丛中就伸出一根根缀着素净的白色小花的枝条，花朵朝下开放，彼此间距比较疏朗。到了4月底5月初，第一批山莓的果实成熟了。不过，采的时候要小心，山莓的植株多刺，连叶子背面的主脉上都生着像鱼钩一般的细刺。山莓的果是实心的，采摘时，总是连着蒂头（即宿存的萼片）一起摘了下来。与山莓不同，蓬蘽的果实是朝上的，并且跟空心泡一样，是空心的。山莓的果期要比蓬蘽长一些，到5月下旬，蓬蘽已经很少见，而山莓还挺多。

相对而言，空心泡没有蓬蘽和山莓那么常见。2018年5月中旬的一天，我到东钱湖洋山村附近的山中拍照，沿山路走的时候，偶然发现路边有红果子，第一眼以为是蓬蘽，再仔细一看不对，叶子的特征不一样，蹲下来数了数，果实旁的小叶通常有5到7枚，原来是空心泡！

蓬蘽的果实朝上

山莓的果实朝下

深秋的悬钩子属野果

大多数悬钩子属野果的果期都在春夏,但高粱泡与寒莓的果期在深秋乃至初冬。大自然真好,在草木凋零的季节,也依旧给我们甜美的馈赠。

2017年10月下旬的一天,我从洋山村上山,沿大嵩岭古道一路前行。补充说明一下,大嵩岭古道非常有名,是宁波市十大古道之一,一头连着东钱湖洋山村,一头接上瞻岐镇西城村。在古代,这是一条交通要道,是当时大嵩、咸祥居民向北通往宁波、杭州等地的重要山路。而现在的大嵩岭古道,是宁波驴友及爬山爱好者最喜欢去的地方之一。我也经常走这条古道,当然主要是为了拍各种野生动植物。

那天,我沿古道慢慢走,在山路两边不时看到一串串的红果,就像是一串串葡萄一般,只不过单颗果实仍然跟蓬藟等一样,为一粒粒红珠子聚

高粱泡

高粱泡（手绘）

成球形。这就是高粱泡。这种悬钩子属植物为藤本，花期在七八月的盛夏，小花呈白色，非常密集，但一般人不大会注意到它们。直到深秋时节，成串的红色果实才显得分外显眼。走到大嵩岭墩的福泉亭遗址附近，那里有一幢建于20世纪50年代的房屋，其门楣上方，一枚硕大的红五星仍在墙上。穿过这幢老屋，走到屋后的山边，那里有很多成熟的高粱泡果实，非常诱人。去采摘的时候要小心，其枝条和叶背也有很多刺。和山莓一样，采下来的时候，果实和萼片是不分离的。

准确地说，10月份的时候，高粱泡果实的颜色，还是红中略带点黄，果中的水分不是很足，味道也很酸。2018年秋天，我带孩子们到山里进行自然观察，顺便摘了一些高粱泡来吃。我开玩笑说："我们就把这个当作饭后甜点吧！"谁知，有个孩子说："应该叫'饭后酸点'更合适吧！"话音未落，大家都哈哈大笑。到了11月，高粱泡的果实就会变成深红，看上去饱满诱人多了，口感也没那么酸了。高粱泡不像蓬蘽那般多汁，但优点是随手一摘就是一串，然后慢慢咬，一颗又一颗，吃起来很过瘾。

11月和12月，在福泉山中，还可以见到寒莓鲜红而饱满的果实。在大嵩岭古道两边的山坡上，大家只要留意，也不难在脚边发现寒莓那鲜红、饱满且晶莹的果实。寒莓属于常绿藤本，但不往树上攀缘，而是贴地而生，大片大片地生长在山边灌木丛中、竹林下。寒莓的叶子很独特，接近圆形，像缩小了的莲叶，这跟其他常见的悬钩子属植物不一样。

寒 莓

若论口感，上述几种悬钩子属的野果各有千秋。有的人喜欢蓬藟，因为它颗粒饱满、味道香甜、汁水充足、入口即化。也有人更喜欢山莓，虽然它没有蓬藟那么甜，但具有一种独特的奶香味，让人难以忘记。空心泡的口感接近蓬藟。高粱泡的味道有点偏酸。寒莓口感清甜，不怎么酸，可谓秋末冬初野果中的上品。

最后得提一下，并不是长得像"野草莓"的野果都是可以吃的。其中，最易和可食野果搞混的，就是蛇莓。蛇莓也是蔷薇科的，但它并不属于悬钩子属，而是属于蛇莓属。蛇莓分布极广，无论在城市还是在山野，在比较阴湿的草地上常能见到。蛇莓的果期也在 4 月至 5 月，果实贴地而生，通常是圆圆的，也有的个头比较大，形状接近草莓，看上去挺诱人的。不过，小时候，大人就告诫我们，这是蛇爱吃的，或者经常从这种植物上面爬过，因此不能吃！这番话当然是骗骗孩子的，不过蛇莓的果实有微毒倒是真的。

蛇莓

　　我在网上看到，一位名叫王煊妮的中国科学院植物学硕士曾尝过蛇莓，以下是她对蛇莓口感的描述："它的'果肉'为海绵质地，红色，尝起来只有很淡的甜味。这部分其实是它的花托，它真正的果实是花托上排列规则的小颗粒，更谈不上有什么味道。"

08
绿野村邂逅"胡颓子"

胡颓子

第一次听到"胡颓子"这个古怪的名字，是在 2018 年 3 月上旬，一位毕业于中山大学的植物学博士告诉我的。当时，我怎么都没有将它跟美味的野果联系起来。

山莓、寒莓、树莓、南酸枣、高粱泡 …… 诸如此类的名字，令人一望而知，这类果实可能是可以吃的（虽然实际上未必），但"胡颓子"这名字，却让人觉得是一种中药名，而且由于有个"胡"字，觉得它似乎来自遥远的异乡。

其实不然，胡颓子乃是正宗的本地物种，其果实非常美味。

◪ 湖畔初相识

2018 年 3 月，中山大学生命科学学院的王英永教授带了一个团队，到奉化进行生物多样性调查，同时还抽空去邻近地区包括东钱湖一带进

四季野果

069

行调查。当时，我陪同王教授一行到东钱湖的马山湿地、下水村去看看，我们主要观察鸟类及跟鸟类栖息、觅食有关的植物。

王教授团队中，有一位研究植物分类学的林博士。他知道我最近在关注野果，便告诉我，他刚刚在东钱湖畔的"十里四香"景点看到一种名为"胡颓子"的植物，这种植物的果实是人可以吃的，而且鸟儿也爱吃。当时我走在前面，离"十里四香"有点远了，因此没有回去看。几天后，我独自去东钱湖进行生态调查时，才特意去看了这种胡颓子。原来，这是一丛绿色灌木，有的枝条缠绕在田边的竹篱上，毫不起眼。再仔细一瞧，才看到好多绿色小果子挂在枝条下。这些果子呈椭圆形，直径为 1 厘米多一点，其绿色的表皮上面有不少褐色斑点，如细细的鳞片一般，果子的最下方还垂着一个小辫状的东西。它的叶子也很独特，正面是绿色，而背面偏白，而且跟果实一样也密布褐色的细鳞。说实话，第一眼见到它，我有点失望，原以为这是一种既漂亮又好吃的野果，谁知道是这么一个不起眼的东西。

后来，林博士又告诉我，如果细分起来，这种胡颓子的中文名应该是"宜昌胡颓子"，属于胡颓子科胡颓子属的植物。在这个科属之下，分为胡颓子、宜昌胡颓子、蔓胡颓子等多种植物。我外行眼拙，在图鉴上看来，宜昌胡颓子与胡颓子的外观几乎没有差别。据《浙江野果 200 种精选图谱》介绍，胡颓子果实的成熟期为 3—6 月，熟时为红色，可以鲜食，也可以制果酱、酿酒，还可以入药，具有消食止痢之功效。看来，我所见到的宜昌胡颓子果实还没熟，因此我只是拍了照，没有摘来尝一尝。

到了 4 月中旬，我又去东钱湖"十里四香"，期望看到成熟的红色果实。到了那里，那丛植物犹在，但上下寻找，居然连一颗果子都没有了！难道，它们都被鸟儿吃掉了？

这里补记一下。2019 年 3 月下旬，我到东钱湖城杨村调查生态时，偶然在山脚发现了胡颓子的成熟果实，不过这些果子圆圆的，不是常见的椭圆形。尝了几颗，果然很好吃。

宜昌胡颓子（尚未成熟）

胡颓子

蔓胡颓子（手绘）

📖 山中又偶遇

4月底的一天，我到东钱湖绿野村的山中进行自然摄影。春已深，草亦深，山间小径隐约可见。我拿着相机独自前行，路边已有不少成熟的山莓与蓬蘽，味道很好。

快到半山腰时，忽见小路边有不少红色的椭圆形野果悬挂在枝条下。这种果子我以前从未见过，它们非常漂亮，既像极小的红灯笼，也像迷你的小番茄，在阳光下鲜艳夺目。最有意思的是，果子的最下方也垂着一个小瓣状的东西，恰似灯笼底部的流苏——只不过不像流苏这么柔软，而是硬硬的。

拍了几张照片，放大一看，只见每颗果子的表面并非全红，而是密布银色的点状斑。这种植物的叶子正面为绿色的，而背面颜色较浅，呈灰绿色，还有如同生锈一样的褐色斑点。

根据果子与叶子的特征，我脑中灵光一闪：这莫非也是一种胡颓子属的植物？我觉得，眼前所见的植物与宜昌胡颓子的形态非常像，只不过果实要大一些，长约两厘米。

于是，我用手机里的一款专门识别植物的软件对它进行拍照识别，其答案果然是一种胡颓子，并且说这果实很好吃。不过，尽管心中有非常大的把握，可以确认这是一种胡颓子属植物的野果，但我心中还是有点犹豫：到底该不该尝尝呢？万一不是胡颓子，而是别的什么长得极相似的有毒野果，岂不是麻烦了？但最后还是经不起诱惑，大着胆子摘了一颗来吃，呀，鲜甜鲜甜！虽然略微偏酸，但还是鲜美异常，回味极佳。

　　下山时又经过那里，离吃下果实已有两个多小时，自己并无任何不适。于是索性又摘了几枚，准备带回家给家人吃。摘完后还给妻子打了个电话，开玩笑说："今天给你们带很好吃的野果回来了，你们放心，我尝了之后目前还没有中毒的迹象……"女儿吃了后说，这种野果"有一种很独特的清甜味道"，我说："这就是大自然的味道，是任何人工添加剂所模拟不出来的。"

蔓胡颓子

在野果的分类上，胡颓子属于"核果"，它的核呈两头尖、中间圆的纺锤形，最有特色的是具有8条棱。后来在家里仔细对照《浙江野果200种精选图谱》，并在网上查询比对，我认为在绿野村发现的这种胡颓子的确切物种名应该是"蔓胡颓子"。

尝野果要慎重

针对胡颓子这类野果，我又去请教了林博士。他告诉我，4月正是胡颓子在南方的果期，这种好吃的野果有很多别名，包括牛奶子、甜棒子、三月

枣等。而在同为胡颓子属的野果中，还有俗称银果牛奶子、小花羊奶子之类的各种"亲戚"，这些名字都可以体现"我们很好吃"。林博士说，胡颓子还有个别名叫"雀儿酥"，可想而知，是在形容鸟儿吃它的果实时身心舒爽。

不过，还有一点让我很好奇，即，它为什么叫"胡颓子"这个名字？遗憾的是，找了很多资料，目前还是没有弄明白。只知道，在唐代著名本草学家陈藏器所撰的《本草拾遗》中，就记载了"胡颓子"这个名字。明朝李时珍在《本草纲目》中引用了陈藏器的相关说法："胡颓子生平林间，树高丈余，冬不凋，叶阴白，冬花，春熟最早，小儿食之当果。"在这里，陈藏器对胡颓子这种常绿灌木的描述还是非常准确的。11月，在福泉山中，我见到了胡颓子的褐色小花，它们的外形如微型的吊钟，悬挂在枝条下面。

李时珍还说，胡颓子就是卢都子，而"卢都乃蛮语也"——因为据说安南（今越南）人称这种野果为"卢都子"，故说那是蛮语。但"胡颓子"到底出自什么典故，我还是不得而知。

抛开"胡颓子"这一名字的来源不谈，我想说，其实，在野外，采食野果真的要十分慎重，不要随便采来吃。我有十几年的野外生态摄影经验，相对于普通人来说，对乡土物种比较熟悉，但像我上文所述的"大着胆子尝野果"行为，大家其实还是不宜模仿。因为确实有不少野果长得很像，但有的好吃，有的不堪食用，有的甚至有毒。

举个例子，小构树与构树同为桑科植物，前者为灌木，后者为乔木，它们的果实看上去都很诱人。在南宋石刻公园里，野生的小构树有不少。5月下旬，小构树上红果累累，悬挂在枝条下面，煞是好看，不知道的，可能会以为是山莓之类。前几年，我就曾上过一次当，见到这种果实，想当然地以为是好吃的，结果采来往嘴里一塞，马上吐掉都来不及，味道涩而怪，实在太难吃了！因此，小构

胡颓子（花）

小构树果实

构树果实

树的果实虽然不像蛇莓那样被归类于有毒野果,但被归于"不堪食用"类野果。

　　构树有野生的,同时也是用于城乡绿化的重要树种,在马山湿地旁就有。其果期在七八月间,果实橙红色,个头较大,直径有两三厘米,其可食部位实际上是肉质花萼,口感较甜。不过,构树的果实容易招引苍蝇等昆虫,因此,大家切勿采食种在公路边、垃圾场附近的构树的果实。

09
盐肤木与五味子

南五味子

9月，凉风渐起，候鸟南飞；10月，秋意渐浓，木叶飘落。这个时候，走到福泉山里，最吸引人的目光的，大概就是鲜艳、漂亮的野果了吧。如果它们既好看，又好吃，那自然是再理想不过了。不过，实际上，野果的风味各有不同，尝过的人才会知道。

盐肤木、五味子、菝葜（báqiā）……这些名字古里古怪的植物，它们的果实都是秋天常见的可食野果，而且外观与口感都比较独特。

结"盐霜"的小果子

盐肤木是一种很常见的树，在东钱湖附近的山里可谓处处有之。但直到我在福泉山里亲口尝到了盐肤木的果子，才终于明白了它为什么叫"盐肤木"。

9月，在马山湿地的山脚，我第一次见到盐肤木的花的时候（那个时候我还不认识这种植物），就觉得好奇怪，心想那是什么花呀，无数黄白色小花，蓬松的一大束，既像是马尾巴，也像是扎得不很紧的扫帚。9月底，在很多地方都见到了这种树的果，自然也是蓬松的一大把；当然，单独的一颗果很小，呈扁球形，直径只有4—5毫米。一查，方知是盐肤木（一说"盐麸木"），一种属于漆树科的落叶小乔木或灌木。《中国野菜野果的识别与利用（野果卷）》一书上说"成熟果实可鲜食，或代盐、代醋食用"。于是，我采了果子尝了一口，结果觉得除了生涩以外，并没有什么味道，心想：这有什么好吃的？居然还能代替盐和醋？！

10月中旬，我和妻子一起到福泉山中寻觅野果。妻子忽然说："那浅绿色的一大把，是什么果？"我凑近一看，心中也有点狐疑：看叶子与果子的特征，明明是盐肤木，但这里的果子表面怎么裹了一层晶莹洁白的像糖霜一样的东西（没有全裹住，而是露出了果的顶部）？于是，摘了几颗放嘴里一舔，呀，真的是咸！哦不，咸里面还带着酸！咸酸的味道混在一起，带来一种说不出的鲜！这下我恍然大悟，马上对妻子说："啊，我终于明白这为什么叫盐肤木了！原来这真的是一种会长盐的树，果子上裹的是盐霜！"

于是，我们两人摘了好些来吃，越吃越觉得生津止渴，回味颇佳。得说明一下，严格来说，我们不是在吃，而是在吮，因为我们品尝的只是果子表面的那层"盐霜"。有趣的是，这层"盐霜"，不会因为大太阳而融化，但捏住果子的手指只要稍稍用力，它就马上化了。后来继续前行，发现沿路随处可见盐肤木的果。有的树的果子比较熟，因此呈现为红色。回家后继续查资料，得知这种果实可以入药，名为"盐麸子"，性凉，有生津润肺、降火化痰等功效。不过，我到现在还不明白这层"盐霜"到底是什么东西——我看到《中国常见植物野外识别手册（古田山册）》上称它为"白色蜡层"。

盐肤木的花

盐肤木的果

华中五味子

难辨"五味"的五味子

那天在福泉山中，我拍到了20多种野果（大部分属于观赏性的野果，少量是可食野果），其中包括南五味子。五味子，作为一种著名的中药材，知道这个名字的人很多。然而，在野外见过并尝过这种果实的人恐怕并不多。前几年的夏末，在四明山里，我拍到过华中五味子的果——就像是一串红葡萄。这次运气不错，又见到了南五味子。在福泉山盘山公路的一个大拐弯处，附近有小溪流过，我无意间往下一看，发现公路下面的山坡植被特别茂密，有几棵树被藤蔓所缠绕，上面挂着好多南五味子的果。

南五味子是常绿藤本，常缠绕在其他树木上。它的果很好认，其果梗比较长，从稍远的地方看过去，就像是一个红色的小圆球挂在藤上；从近

南五味子

处观察，方知这个深红中带暗紫的圆球是由好多弹珠一样的浆果聚合而成的。因此，在野果的分类上，它属于"聚合果"。

既然名为"五味子"，那么顾名思义，果实品尝起来应该有五种味道。据说，古代的医书上称这"五味"分别是：甘、酸、辛、苦、咸。记得当初见到华中五味子的果实时，也曾摘来吃过，印象中味道还不错，比较清甜。这次看到南五味子，自然也忍不住采了吃了，发觉这种浆果虽然水分还算充足，但滋味实在不咋的，说不上甜（最多有一点点），也没有酸，当然更品不出"五味"来。有一次带孩子们去四明山中进行自然观察，有个男孩听了我对南五味子味道的描述后，突然说："我看，'五味子'还不如叫'无味子'算了！"说得大家都笑了。

不过，书上说，五味子的果实具有滋补强身、宁神、敛汗、固精等功效。我跟一起进山的妻子开玩笑说："看在它具有这么多保健功能的分上，我就勉强再吃几颗南五味子的果实吧，浪费了可惜。"

11月底，我再次见到南五味子的果，发现它们几乎已经变黑色了，估计这个时候才是熟透了。于是又采来尝了尝，咦，居然比10月份的时候甜了不少。其实，撇开五味子的口感、功效等不谈，这种果形美丽的藤本植物栽种在花廊、花架旁，倒是挺不错的。

中看不中吃的菝葜

说完了不知啥味道的南五味子，我不禁想起了菝葜的果实，其果期也是在10月与11月。菝葜，很古怪的名字是不是？这两个字念"拔掐"，倘若读得不清楚的话，听者或许会以为是"拔枪"。菝葜，是一种属于百合科的木质落叶藤本，在东钱湖区

菝葜

域的山里随处可见，在福泉山盘山公路两侧的山坡上就有很多。

　　菝葜的叶子很好认：互生的叶片接近圆形，叶柄下部长有叶鞘，还有卷须。明朝李时珍《本草纲目》里就有"菝葜"这一条："菝葜山野中甚多。其茎似蔓而坚强，植生有刺。其叶团大，状如马蹄，光泽似柿叶，不类冬青。秋开黄花，结红子。"这里说菝葜"秋开黄花"是不对的，其花期在四五月间。浙江的一位网名为"小丸子"的资深植物爱好者，在其新浪博客中把菝葜的花与果描述得很到位："菝葜的花是一种伞形花序，在总花梗顶端集生出许多花梗近等长的小花。这些花在花序轴顶端排列成一个圆球形，开花的顺序由外向内，等到结果以后，一个一个果子连在果柄上，围绕着花序轴，形成一个球形，样子很特别。"

手头的野果图谱把菝葜的果列为可食野果，说"浆果微甜而脆，过熟则汁少味淡，可鲜食，也可糖渍食用"。到 10 月中下旬，菝葜的果基本都变红了，非常好看。我摘来一吃，却赶紧吐掉，它既无充足的汁水，也不酸甜，而是比较生涩，口感不好。

后来，在其他地方，我也多次试吃过菝葜的果实，但真的没有一次觉得好吃的 —— 难道真的只是我运气不好？又或许，"小丸子"说的是对的："菝葜的这种红果子，就像枸骨的红果子那样，对我们没有什么具体用处，但是对鸟儿越冬很重要。"是的，天生野果，原本就不是专为我们人类的。盐肤木也好，五味子也好，菝葜也好，诸如此类的野果，或许更多的，理应是鸟雀、松鼠们的佳肴。

10
秋天的"奇异果"

小叶猕猴桃

大家都知道,所谓"奇异果"就是猕猴桃。准确地说,其老祖宗就是来自我国的野生的中华猕猴桃。100多年前,中华猕猴桃传到新西兰,经过不断的人工培育,发展出若干改良品种,它们被称为奇异果。不知道的人,还以为奇异果乃是原产于外国的水果呢。

不过,在这里,我倒不是想梳理从中华猕猴桃到新西兰奇异果的人工选育史,而是借用"奇异果"这个名字,聊聊在东钱湖的山里见到的各种可以吃的奇特的秋季野果 —— 虽然,很凑巧,也包括野生猕猴桃。

最迷你的猕猴桃

前几年秋天,在四明山中游玩时,曾路遇村民在卖刚从山里采来的一筐野生猕猴桃,其大小跟市场上卖的差不多。后来才知道,这就是鼎鼎大名的中华猕猴桃。这种猕猴桃在国内分布很广,在浙江的山区也不少见。

很可惜,当时没有去附近山里找找,拍下野生状态下的中华猕猴桃的照片。

2018年8月底,我去大嵩岭古道走走,在路边看到了一种很小的猕猴桃,果实的长度只有1厘米多。果为绿色,表面有不少黄色的斑点,还有一些毛。当时觉得惊奇,没想到有这么小的猕猴桃。不过,也没有深究这到底是什么猕猴桃。10月上中旬,我两次去福泉山中寻找、拍摄野果,都发现了果实很小的猕猴桃。果子极多,密密麻麻挂在枝叶之间。这种猕猴桃的外观跟上次在大嵩岭古道所见到的差不多,但个头似乎更小,其长度很少超过1厘米。随手摘一颗,扔嘴里尝尝,咦,味道居然还不错!说实在的,原本我对这么小的猕猴桃的口感并不抱多大指望,心想肯定是属于酸涩一类的。没想到,这种猕猴桃尽管个头极小,汁水却很足,虽说比较酸,但不涩,还有一种自然清新的鲜味。

这下我有点好奇了,这么"迷你"的猕猴桃,到底是什么品种呢?翻阅了手头有的《浙江野果200种精选图谱》和《中国常见植物野外识别手册（古田山册）》，这两本书中都记载了在浙江有分布的两种微型猕猴桃，分别是异色猕猴桃与小叶猕猴桃。书上说，这两种猕猴桃比较近似，明显的区别在

小叶猕猴桃（手绘）

于：异色猕猴桃的小枝上没有毛，果实的长度为 1.5—2 厘米；而小叶猕猴桃的小枝、叶柄上均密生褐色短绒毛，果实的长度为 0.5—1 厘米。如此说来，我在大嵩岭古道上拍到的应该是异色猕猴桃，而在福泉山中所见的是小叶猕猴桃。

小叶猕猴桃

木 通

🦋 花果俱奇的 "野香蕉"

3月底，在马山湿地山脚
旁的路边，我见到一株长得很繁茂
的绿色藤本植物。从它上面垂下来一些
外观奇特的紫色花朵，拍了几张照片后我想
起来了，这种植物的名字叫木通，前几年我在台州
的括苍山里也拍到过。木通的花有雌雄之分，雌花、雄花都生在同一个
花序上，雄花数量比雌花多，但雌花明显比雄花大，其三枚暗紫色的萼片
有点像三把没有柄的小勺子，十分独特，让人过目不忘。

听熟悉植物的老师说，木通科木通属的植物，在浙江分布的有三叶
木通、木通（又称"五叶木通"）等，不过在宁波以木通为多见，而三叶木通
比较少见。这两者的明显区别在于，木通的小叶有五枚，而三叶木通的

小叶是三枚。后来，在大嵩岭古道等山路边，我都看到了木通（即均是五枚小叶的）。无论是三叶木通还是木通，它们的果实都如缩小版的香蕉，都可以吃，味道类似，挺甜的，故有"野香蕉"之称。到了农历八月，成熟了的果实外壳会裂开，露出白色的果肉，因此又得了"八月炸"的俗名。

到了夏末，在马山湿地和大嵩岭古道，我都见到了木通的果实，看着它们由青色变成浅黄，于是就期待着它们成熟裂开的那一天。到了9月底与10月初，原本想着中秋节都过去了，木通的果实应该可以摘来尝尝了，谁知，过去一看，马山湿地的木通果实一个都不见了，而大嵩岭古道上原本很多的木通果实，我也只找到一个。而且，这"硕果仅存"的宝贝还没有裂开，不过我已经顾不了那么多了，出于好奇，还是将它摘了下来，然后用刀剖开，尝了尝果肉。可能是未熟的缘故，味道并没有想象的那么好。

植物爱好者"小丸子"在她的新浪博客中说，想要吃到三叶木通的果子可不容易，其中一个原因是"山中的鸟儿也知道这样的美味，天天在山里守着等它炸开呢"。在这里，我借用一下她对三叶木通果实口感的描述："'八月炸'的果实里面，是裹着黑籽儿的白色胶状物，形状就像剥开的香蕉。瓤肉乳白多汁，香甜滑嫩，清润香浓，味道有点像火龙果，但是，肉太少了，籽太多了……"

桑葚的"表亲"

10月中旬，在福泉山中转悠，上山时没留意，而在下山时，我眼前倒是一亮：一棵小树上挂着几颗跟草莓差不多大的红果，不知是什么好东西。凑近一瞧，这是一株落叶树，多数叶子已经凋零，上面挂的果也不多。果子呈深红色，表皮有很多皱褶，捏起来感觉软软的。当场用手机上的植物识别软件一扫，得到的答案是柘（zhè）树的果实，柘树是桑科柘属的落叶乔木（也有的呈灌木状）。经仔细比对，眼前的果实乃是柘树的果无疑，

柘树的果实

一则果形独特，二则确实是
各种特征都吻合。顺便说一句，同
一个属的植物葨（wēi）芝（这种植物又
名"构棘"）的果实，跟柘树的果长得比较像，不
过后者是善攀缘的常绿灌木。

　　由于在野外不确定柘树的果实到底能不能吃，因此我采了一颗带回
家。到家后翻书，确认这是一种在分类上属于"聚花果"的可食野果，其
可食部位实际上为肉质花萼，"味腻甜，可鲜食或酿酒"。我这才放心地
吃了这颗带回来的果实，细细一品，觉得跟桑葚的风味还是有点类似的。

　　再一查，发现这柘树还真的全身都是宝。资料显示，除了果实可以

桑葚

吃,柘树的根、皮还可药用,有清热凉血、舒筋活络的作用;嫩叶可以养蚕;木材质地坚硬细致,古代用作制弓。

在中国古典诗歌中,柘树也频频亮相,多数是"桑柘"连用。最早是在《诗经》中出现,《大雅·皇矣》这首关于周族的开国史诗中就有"攘之剔之,其檿其柘"之句。

又如唐代诗人贾岛的《暮过山村》:

数里闻寒水,山家少四邻。

怪禽啼旷野,落日恐行人。

初月未终夕,边烽不过秦。

萧条桑柘外,烟火渐相亲。

当然,最耳熟能详的,是晚唐诗人王驾的《社日》:

桑 葚

> 鹅湖山下稻粱肥,豚栅鸡栖半掩扉。
> 桑柘影斜春社散,家家扶得醉人归。

　　看来,在古代诗人眼里,"桑柘"乃是乡野间最寻常的树种,倒是现在久居城市的我们,由于跟乡土自然日益疏离,才觉得这些树木陌生了。

11
野果不可貌相

金樱子

　　说起可食野果，我想多数人脑海中所浮现的是"鲜艳、饱满、水灵、有光泽"之类的形容词，确实，像前面讲过的蓬蘽、山莓、胡颓子、五味子等植物的果实，且不说其口感如何，至少在外观上或多或少符合以上特征。

　　不过，上天造物，原不是为了让人类觉得好看，有的野果其貌不扬，有的甚至浑身长刺，一副拒人于千里之外的模样。总之，它们看上去不会引起我们的任何食欲，如马㼎（báo）儿、金樱子、槲（hú）寄生等，但它们也有"内秀"的一面。所以，小小野果，亦不可貌相。不信，且看下文分解。

🐛 马㼎儿

　　有一种常见"杂草"，它们喜欢攀缘在灌木丛里，没有结果子的时候，恐怕并不惹人注意。不过它们的果子还是蛮有特色的，像一个个或青或白的小瓜吊在线上，估计很多人都见过，但未必知道这是可以吃的。这种

植物的名字很拗口，叫"马㼏儿"，是属于葫芦科马㼏儿属的一年生草质藤本。这"㼏"字念什么？很多资料说它念 báo，也有人说应该念 bèi，莫衷一是（本文姑且认同念 báo）。这个字的意思是"一种小瓜"，这个大家倒是都没意见。由于"㼏"这个字太生僻，打字也常打不出来，所以网上很多文章干脆写"马交儿"，甚至写"马瓜交儿"的也有。说起来，还是它的俗名好记一些，叫作"老鼠拉冬瓜"——得说明一下，俗名为"老鼠拉冬瓜"的，可不止马㼏儿一种。

2018 年 9 月初，我在小区内的河畔散步，偶然看到，在修剪整齐的灌木中，有几个或青或白的球状小瓜（直径 1 厘米多一点的样子），挂在极细极弱如丝线一般的茎上。忽然记起来，这种野果在《浙江野果 200 种精选图谱》一书上好像也有记载。回家后马上翻书，果然，我刚刚见到的野果就是马㼏儿，上述图谱把它归类为可食野果，说"果实多汁微甜，可鲜食或制果酱等，具清热解毒功效"。后来在东钱湖的马山湿地、福泉山等地方，又多次见到它们。说实在的,看着这种外貌如此朴素的小果,我还真难以相信它居然可以吃。犹豫再三,试着摘了一颗放嘴里,轻轻一咬,便觉得饱满的汁水涌了出来,味道清淡,略有点甜,当然还有其他的味道,风味还是比较独特的。有网友说,小时候没多少水果吃,就采这种果子吃,虽然算不上美味,但长大后想起来还是挺怀念的。

金樱子

如果说马庶儿只是形貌平凡一点,那么金樱子这种野果就简直让人"不知如何吃起"了。好多年以前,我就认识金樱子,不管是它的花还是果。这是一种属于蔷薇科的常绿藤本,宁波的山里到处都是,东钱湖一带自然也不例外。在南宋石刻公园里的一个小池塘旁,就有特别大的一丛金樱子。

春天,它那洁白而硕大的花朵密集盛开,有时甚至如微型瀑布一般从上面悬挂下来,老远就能看到。深秋,果子熟了,从黄色慢慢变成橙红,最

金樱子

后变成深红。这果子外形极有"个性"，见过的人都不会忘记：大小如枣，顶端留有宿存的萼片，外面密密麻麻全是针一般的细刺，连果梗上也全是刺。因此，直接用手去摘金樱子是挺痛苦的一件事，不仅手指被扎得疼，连衣服也常被它枝条上的刺钩住，搞得脱身不得，十分尴尬。

　　我有个朋友，他到山里就喜欢采金樱子，说果实很甜，有"糖罐子"之称，可以拿来泡酒喝，味道很好。我不会饮酒，又怕刺，故并不去采。后来听说，这果子是可以直接吃的。但我真的不知道该怎么吃，曾经想，它的表皮全是刺，估计是吃里面的"果肉"吧！于是拿小刀切开果子，却发现里面乃是一粒粒硬硬的种子，并不能吃。最后请教了别人，方知是要先去掉外表的刺，再去掉里面的种子，然后就是吃那层"果皮"！那么又该如何去掉那些刺呢？有的说用刀刮，有的说用火烤，甚至有人说在野外直接放石板上用脚踩……于是，我试着用剪刀弄掉了刺，嚼了嚼那层表皮，没想到口感大大出乎我的意料：很浓郁的甜味！真的好吃，确实不负"糖罐子"

的美名。

不过，吃完之后，问题又来了：既然金樱子这么好吃，那它为什么浑身长刺，一副凛然不可侵犯的样子？这让动物也没法吃呀。莫非金樱子并不需要靠鸟兽帮它传播种子？

槲寄生

马㼎儿也好，金樱子也好，虽然其形象与那些外表靓丽的可食野果有较大差距，但至少它们通常都生长在人们触手可及的地方，而槲寄生就不一样了，这种比较"另类"的植物喜欢寄生在高高的大树上，大多数时候，我们是无法直接采摘其果子的。

2018 年 11 月中旬，我来到隐藏在东钱湖南岸深山里的城杨村，拍摄深秋的野花野果以及昆虫。城杨村素有"诗画城杨"之称：村中有著名的亭溪岭古道，发源于山中的两条溪流穿村而过；溪畔多古树，白墙黛瓦掩映在树下，一切都是那么安静而美好。

那天，我刚来到村口，就注意到，在一株枫杨古树的树干上，长着不少已经结果的槲寄生。若是在夏天，我们是很难看到隐藏在浓密树冠里的槲寄生的，只有到了深秋，枫杨的叶子大部分脱落了，寄生于其上的一丛丛槲寄生才变得比较显眼。

说到这里，有必要先说明一下什么是槲寄生 —— 相信大多数人对它比较陌生。槲寄生是一种属于桑寄生科的常绿半寄生小灌木，可以从寄主植物上吸取水分和无机物，进行光合作用制造养分。它的茎与枝均为圆柱形，肥厚的叶片对生于枝顶。花期在 4—8 月，小花黄绿色，于深秋结出球形的小浆果。据说，寄生于不同树种上的槲寄生果实颜色也不一样，如寄生于榆树的果实为橙红色，而寄生于枫杨之上的呈黄色。我在宁波境内见到的槲寄生几乎都寄生于枫杨古树上，冬季的果实为鲜艳的黄色，呈半透明状。

槲寄生的果子

槲寄生的果实很受鸟类欢迎 —— 毕竟，在寒冷萧条的冬季，食物来之不易，而槲寄生的果实数量很大，可以让小鸟们美餐好几顿。其实，这也正是槲寄生传播自己的种子以进行繁殖的主要办法。这些好看的小浆果富有黏性，鸟儿在啄食的同时，常会在树干上蹭自己的嘴，这样就顺便把里面的种子粘在树上了。当然，哪怕鸟儿将果实吞下去了，种子也会随着粪便排泄出来，重新落在树上，慢慢萌发出新的一丛槲寄生。

《中国园艺文摘》杂志上曾专门刊登文章介绍槲寄生。文中说，槲寄生的果实兼具色彩美与生态美。就色彩效果而言，它是乔木落叶后不可多得的美丽的观果植物；就生态意义而言，槲寄生是森林生态系统中联系鸟类与其他木本植物的纽带，成为调节森林物种多样性的重要一环。

是的，不管各种野果的外观、口感如何，它们原本并不是专为人类而生的，我们可以适当地品尝（如果可以吃的话）和利用，但不能过度，也不可"以貌取果"，要相信大自然自有安排。

12 "鸟眼睛"与"羊角藤"

野鸦椿

有的野果既好看又可以吃，而更多的野果恐怕只适合观赏而不能食用。秋天，山里到处都是野果。前面已经重点介绍了东钱湖区域所见的不少可食野果，这里再介绍一些观赏性较好的野果。

即将亮相的4种野果所涉及的植物名字很有意思，分别叫作野鸦椿、南蛇藤、龙珠与羊角藤。大家一定注意到了，它们的名字里都包含了一种动物的名字。

长着"红眼皮"的"鸟眼睛"

2017年10月下旬，我到四明山中，老远看到一株树上缀满了"红花"，颇觉奇怪，心想：这个时节怎么还有花开得这么多？走近一看，不禁哑然失笑，原来红色的不是花，而是一种野果！

于是拍了照片，回家翻开图鉴一查，方知它是野鸦椿，为省沽油科的

落叶小乔木或灌木，是一种极具利用潜力的观赏植物。这种植物在国内分布很广，除东北及西北地区以外，几乎都有分布。2018 年 9 月与 10 月，我到东钱湖附近的山里，在很多地方都看到了野鸦椿。

据书上描述，野鸦椿是观花、赏果两相宜的植物。可惜我以前从未留意过它的花朵。据说其花期在四五月间，黄白色的小花集生于枝顶，远看满树银花，相当好看。不过，顺便说一句可能有点令人扫兴的话，那就是：它的叶子被揉碎后会发出恶臭味，一般人受不了。

当然，不管怎么说，野鸦椿的果实是最为吸引人的。其果子成熟后，软革质的红色果皮会开裂，露出里面的黑色种子。有人形象地说，乌黑的种子配上鲜红的果皮，"犹如满树红花上点缀着颗颗黑珍珠"。野鸦椿的挂果期很长，可以从盛夏一直到深秋，因此很适合作为园林景观树种。

这种植物还有两个有趣的俗名，一是"鸟眼睛"（或"鸡眼睛"），这个很好理解，就是指黑色的种子就像鸟儿乌溜溜的眼睛；二是"鸡肫皮"，估计这是指绽开的果皮有点像皱皱的且又反卷的鸡肫皮吧！果实还可以入药，具有祛风除湿、理气止痛及止血之功效。

不过，至于"野鸦椿"这个名字是怎么来的，我却弄不明白。在网上搜了一下，看到杭州的资深博物爱好者蒋老师猜测说："野鸦椿之所以叫这个名字，可能就是说'野鸦'会来取食种子……"可备一说。

南蛇藤与龙珠

2018年10月的一天，我到韩岭村附近的岭南古道走走，沿路观察野花野果。上山的路几乎是直线往上走，因此比较陡，中途如果不休息的话，可以很快到达山顶的寺庙，不过会有点累，难免气喘吁吁。那天，我在沿线看到很多山油麻（榆科植物，为灌木或小乔木），其橙红色的果很细小，密密麻麻，围绕着小枝，倒也十分好看。

下山的时候，我决定不再按原路返回，而是从附近的盘山路走下山。当地人告诉我，走盘山路的话，路面倒是平坦宽阔，但绕来绕去，距离长了很多，下到山脚的时间大致为走岭南古道所用时间的4倍。我倒不在乎多走一些路，心想沿途看看植物也好的，说不定会有新发现。走到半山腰的时候，看见路边的一棵树上有很多绽开的红果子。仔细一瞧，原来这些红果子不是这棵树本身所结的果，而是有一种藤缠绕在树上，果实是属于这种藤本植物的。

这些野果有的还是青黄的，像圆圆的豆子。而那些成熟的果实，亮黄

岭南古道风景

南蛇藤

色的外壳已经开裂,露出了包在种子外面的鲜红的假种皮,宛如一颗颗美丽的红宝石,十分醒目。这个特征,很像我以前拍到过的卫矛科植物的果实。后来一查证,果然,它也属于卫矛科,其名字叫南蛇藤。

有人说,南蛇藤喜欢以周边植物或岩石为攀缘对象,"远望形似一条蟒蛇在林间、岩石上爬行,蜿蜒曲折,野趣横生",故名南蛇藤。植物专家认为,南蛇藤植株姿态优美,藤、叶、果都具有较高的观赏价值,可以作为城市垂直绿化的优良树种。还有人说,若剪取其成熟果枝插在花瓶中以装点居室,也能使桌案生辉。可惜,目前在宁波市区似乎还没有见到过用作园林绿化植物的南蛇藤。

说来也巧,那天刚拍完"蛇",又遇见了"龙"。离开那株南蛇藤后,一路下山,快到山脚时,忽见左边的山脚有一株很大的龙珠。龙珠为多年生的直立草本,属于茄科植物。其果实可以入药,被称为"龙珠子",具有清热解毒、消肿止痛之功效。我以前多次见过这种植物,但这么大的植株还真的是第一回看到。只见它的高度足有一米多,虽说是草本,但靠近根部的主干又粗又硬,接近木质。更壮观的是,其向四周肆意铺展的碧绿的枝叶下面,悬挂着数百颗鲜红的圆形浆果,宛如无数小小的红灯笼。我在一旁拍了好久,都觉得不满意,因为没能拍出它的气势来。后来,我灵机一动,干脆把相机放到枝叶的下方,将镜头朝上,仰拍这些红果。嘿,这拍摄效果果然不错!

龙　珠

此"羊角藤"非彼"羊角藤"

　　2018年国庆长假后，我到福泉山中寻找野果，又见到了一种以前未曾见过的奇特野果。这种果子为鲜艳的橙红色，远看的话，但见浓密的绿叶衬着颗颗红果，十分好看。但靠近一瞧，却发现其果实的形状堪称怪异——甚至可以说"诡异"——羊角藤每一个果实都不大规则，有点像微小的生姜块，而且还有多个像眼睛一样凸出的圆斑，十分古怪。赶紧拍了照片，然后打开手机上安装的识别植物的软件进行扫描。很快，软件告诉我，这种植物名叫"羊角藤"。经再次搜索、比对，我可以确认这是羊角藤没错。这是一种属于茜草科巴戟天属的藤本植物。

　　不过，这款软件还介绍说："羊角藤名字的来由是因为它的形状像是一对羊角。"可是我对着眼前的植物左看右看，无论是它的叶子还是果实，我都看不出哪一点像羊角。

羊角藤

  鉴于很多植物名都很"奇葩",对于我这样的门外汉来说搞不明白是很正常的,因此暂且将此搁置不论。真正让我大吃一惊的,是该软件对于此羊角藤所描述的另外一些话,具体是这么说的:"中国民间传说的四大毒草:断肠草、曼陀罗、马钱子、羊角藤。羊角藤就是这四大毒草之一。"真的是这样吗?回家后,我上网仔细检索,发现有一种名为"羊角拗"的属于夹竹桃科的植物,有一个常用俗名也叫"羊角藤"。羊角拗的果实,其外形与羚羊角确实比较相似。这种植物全株有剧毒,误食后,会使人头痛、头晕、呕吐、腹泻、神志迷乱,重则致人死亡。

  这下算是基本搞清楚了,手机软件上关于羊角藤(茜草科)的介绍,应该是误用了关于羊角拗(夹竹桃科)的描述,完全是张冠李戴的结果。由此,也不禁让人感慨:尽管现在科技发达,很多时候靠手机"扫一扫"就能解决问题,但诚如老话所说,"尽信书则不如无书"。无论什么时候,都不能轻信与盲从。

13

古道边"黄金万两"

南天竹

天热的时候,从东钱湖洋山村走进大嵩岭古道,或从绿野村走进黄菊岭古道,由于沿线植被非常繁茂,很多路段浓荫蔽日,哪怕外面阳光灿烂,里面的光线也比较弱,再加上草丛深处难免有蛇、虫之类,因此对于像我这样喜欢自然摄影的人来说,是颇有不便的。

所以,很多时候,我倒更喜欢在秋冬与早春时节进山,古道两侧十分敞亮,一朵小花、几颗野果,都很容易被发现。蹲下来拍摄的时候,也不用担心讨厌的蚊虫。深秋及冬季,正是到山里欣赏一些色彩艳丽的野果的好时候。

🦋 朱砂根:观赏药用两相宜

在我国南方,不少单位和人家的庭院里,都有一种著名的观果盆栽植物,那就是朱砂根。它的特点是株形优美、红果鲜艳,而且挂果期长达数月，可以从深秋一直到次年春天。

朱砂根（手绘）

朱砂根，一听这名字，就感觉到一股浓浓的"中药味"。没错，这确实是一种常用中药，它所采用的就是朱砂根这种植物的干燥根，具有清热解毒、活血祛瘀之功效。不过，这种植物更有名的是它的果。9月底，我在大嵩岭古道边所拍到的朱砂根的果还是绿色的，上面有很多小黑点。秋末冬初，果色由绿转红，绿叶之下一颗颗鲜艳的红果紧挨在一起，犹如晶莹的玛瑙绕成一圈，有人打趣说那是"腰缠万贯"。因此，人工培植的朱砂根有了一个著名的商品名，叫作"黄金万两"。有的书上说朱砂根

朱砂根

的果实可以食用,但我从未试着尝一口,我估计味道不会很好。

朱砂根属于紫金牛科紫金牛属的常绿灌木,在东钱湖周边的山里很常见。我在大嵩岭古道、黄菊岭古道、南宋石刻公园、福泉山等地方,都看到过。不过,野生的朱砂根的果实通常没有人工栽培的那么多。从秋末冬初到次年早春,大家去上述地方游玩的话,只要多留意,不难在路边的灌木丛里发现好多低垂在绿叶下面的红果 —— 十之八九,那便是紫金牛科植物的果子。想要拍好这些美丽的红果,俯拍绝对不是最好的选择,最好趴下来,把相机贴近地面,这样才能以平视的角度拍摄这些挂在叶子下面的果实。在用微距镜头拍完果实的特写后,我还喜欢用广角镜头来拍,这样可以把果、叶及周边环境都拍在画面里,很有纵深感。

类似的红果,不同的"紫金牛"

秋冬时节,结红果的紫金牛科植物有好几种,在东钱湖附近,最常见的有朱砂根、红凉伞、紫金牛等。粗粗一看,它们的外观比较相似,似乎难以分辨。其实,诚如资深植物爱好者所介绍,浙江境内紫金牛属植物有十几种,果实和花都很相似,尽管细说起来有很多特征需要分辨,但简要的鉴别方法是观察叶片:比如,看叶子是全缘还是有齿,如果有齿的话,再看那是波状齿还是锯状齿;还可以摸一摸,感受一下叶子的质感。

朱砂根的叶子,有个显著特点,即其边缘呈明显的皱波状,而且摸起来比较硬,按照书上的专业说法,即所谓"叶革质"——叶子的质地像皮革一样。

红凉伞的叶子,边缘也呈皱波状,摸起来也是"革质",总之跟朱砂根完全一样,那该怎么区别它们?别急,这个时候,只要"撩"开其"绿裙子",看叶背的颜色:如果是朱砂根,那么叶子反面还是绿色的;如果是红凉伞,则叶子反面是紫红色的 —— 要不怎么叫"红凉伞"呢?在大嵩岭古道旁,我发现有个地方,好几株朱砂根与红凉伞生长在同一个位置,形成一个群

红凉伞

紫金牛

落,刚好可以同时观察这两种植物。

顺便说一下,有人赠送紫金牛这类植物一个雅号,名为"凉伞盖珍珠",这倒是名副其实,可谓生动描述了晶莹如珍珠的红果挂在叶下的模样。

那么,紫金牛作为这个科的"科长",和朱砂根、红凉伞的区别又在哪里呢?说起来好玩,虽然它是老大,个子却反而是最小的。朱砂根、红凉伞的植株高度可达一米以上,而紫金牛的高度通常只有10—30厘米,几乎是贴地而生,很不起眼。因此,紫金牛得到了"老勿大""短脚三郎"之类的诨名。

在东钱湖绿野村水库附近的黄菊岭古道旁,有块地方同时生长着不少朱砂根与紫金牛,它们紧紧挨在一块儿。夏天的时候,由于这里的各种植物特别茂盛,因此我们很难注意到它们。但到了 12 月以后,山野萧瑟,挂着红果果的它们反而很引人注目了。跟朱砂根、红凉伞的挂果密集、"高调炫富"不同,作为老大哥的紫金牛显得十分低调,通常在叶子底下只挂两三颗果实,有的只有一颗。紫金牛的叶子也和前两者明显不同,其叶缘为小小的锯齿形状,而不是波状齿。

观果佳木有不少

说来也巧,在生长着不少紫金牛科植物的黄菊岭古道边,还有一种著名的观果植物,那就是南天竹。它的挂果期也可长达数月,从初冬一直到早春,经冬不凋,枝头都是累累红果,煞是好看。

南天竹

2018 年 3 月初,我一走进黄菊岭古道,就看到山坡、溪边到处都是红果满枝的南天竹。这种植物的高度可达两三米,枝条细长,顶端的果实直径只有 5 毫米左右,但非常密集,倒挂下来的话,有点像一串果实微小的红葡萄。南天竹的根、叶、果均可药用,具有止咳平喘、止血等功效。但必须提醒大家的是,其果实具有强烈的麻痹呼吸中枢的作用,切不可食用。

南天竹是一种属于小檗(bò)科的常绿灌木,叶子通常为绿色,但也有些叶片在冬季呈紫红色。植物专家称赞这种植物"姿态清雅,枝叶扶疏,果色艳丽",是优良的观果灌木。那天拍到南天竹后,我穿过绿野村时,忽然发现好几户人家的门前种着这种植物。后来,在市区的公园绿地中,也看到了不少。看来,南天竹作为一种观赏植物,已经在园林绿化建设中广泛使用,只不过我以前没有留意罢了。

除了南天竹,东钱湖畔的山里还有一种在秋季红果累累的常见植物,那就是荚蒾。春末夏初的时候,我在福泉山中看到过荚蒾的花,只见很多白色的小花紧紧挨在一起,看上去非常稠密,盛开于分叉的小枝条的顶端。到了秋天,这些小花就变成了同样稠密的红果。独立来看,每一颗果子都很小,其直径只有几毫米,外观呈卵形,或接近球形,外表有晶莹的光泽;但它们总是几十颗果子热热闹闹地"挤"在一起,因此整体来看就很显眼了。

荚蒾是一种属于忍冬科的落叶灌木,植株高度一般不超过 3 米。10月前后,走在山路边,很容易发现荚蒾的红果。书上说,荚蒾的果实"微甜清口,可鲜食,有健脾功效,也可酿酒",但我尝了几颗,觉得味道很一般,不大好吃。不过,这些鲜艳的红果子对鸟类来说是很大的诱惑,它们很爱吃。因此,花果俱美的荚蒾,不仅是优良的园林观赏树种,还可以作为招引鸟类的植物。顺便说一句,荚蒾的果、根、枝叶均可入药,具有消食、活血、止痛等功效。

上面说的几种野果都是红色的,自然容易发现,而在深秋的东钱湖的山中,不难见到另一类同样引人注目的野果,那就是"紫珠"。这里说的紫

荚 蒾

紫珠属的野果

珠，指的是马鞭草科紫珠属的植物，形态相似的有不少，如白棠子树（俗称"小紫珠"）、紫珠、华紫珠、秃红紫珠等。像我这种对于植物并不是很熟悉的人，就觉得有点难以分清。

不过，不管哪一"款"紫珠，都是非常漂亮的野果。通常，紫珠的枝条都很细长，叶子是对生的，果子长在叶腋附近。每一颗紫红的果子都很小，直径只有两毫米左右，但由于聚生在一起，就变得很显眼。特别是当叶子基本落尽后，那些晶莹夺目的果子看上去就仿佛是绕在枝条上似的，很有特色。对于紫珠，我未闻可以食用，但书上说其叶、根、果等可供药用。

说完了以上几种既是山野中的常见植物，又是城市绿化或家庭盆栽的宠儿的观果佳木之后，我忽然想，其实给朱砂根安上一个"黄金万两"的商品名，实在有点牵强、俗气，其实真正的"黄金万两"在大自然中——只要你懂得去尊重和欣赏。

秋天的福泉山

飞 羽 之 约

FEIYU ZHI YUE

14

走，看水鸟去

黑水鸡

"西湖风光，太湖气魄。"这是郭沫若对东钱湖的高度评价。作为浙江第一大天然淡水湖，东钱湖遐迩闻名。一年四季，游客们纷至沓来，大家到东钱湖看什么？

看水，看山，看花，看树，看村落，看老街，看古道，看石刻，看云彩，看星空……那有没有人想到去看鸟呢？东钱湖山水俱佳，植被丰茂，无论是看水鸟还是看林鸟，都是好地方。

这里就先和大家聊聊东钱湖的常见水鸟，得说明一下，所谓林鸟和水鸟，只是一个非常粗略的分类，即相对于通常在陆地上栖息的林鸟而言，那些主要在水中生活、觅食的鸟便被称为水鸟。文中提到的水鸟，多数是大家凭肉眼就可以观察到，也有一些需要凭借高倍望远镜才能看清楚。当然，在接下来的《湖山漠漠鹭群飞》与《水凤凰的家园》这两篇文章中会提到的水鸟，本篇就不重复了。

黑水鸡，不是鸡也不是鸭

我个人觉得，在东钱湖，最常见的水鸟，并不是白鹭，而是黑水鸡。它们实在太多了，几乎在湖畔任何一处有水草、芦苇的地方都可见到，不是一只两只，而是好多只。在下水湿地与马山湿地，黑水鸡的数量尤其多。

有几个朋友曾跟我说：东钱湖有很多黑色的小野鸭，头上红红的。我一听就知道，那不是野鸭，而是黑水鸡。可我一说"黑水鸡"这个名字，大家又会以为这是一种鸡。其实，黑水鸡既不是一种野鸭，也跟我们通常所说的雉鸡没有一点关系，它是属于鹤形目秧鸡科的鸟类。

秧鸡是典型的生活在湿地中的鸟类，性胆小，喜欢在芦苇丛、沼泽地、秧田等环境中像鸡一样行走觅食，这大概是其得名的原因吧。秧鸡一般不大善于快速起飞，起飞前往往需要在水面上助跑一段。而且有趣的是，

黑水鸡

白骨顶

好多秧鸡飞行时两腿呈下垂状,就像飞机的起落架没有收起似的。

　　我在东钱湖拍到过的秧鸡科鸟类有三种,分别是:黑水鸡、白胸苦恶鸟、白骨顶。前两者为本地留鸟,一年四季都在;后者为冬候鸟,深秋时节从北方飞来越冬,次年早春北迁。黑水鸡具有鲜红色的额甲,故俗名"红骨顶"。它们喜欢沿水生植物边上游泳,主要吃植物嫩叶、幼芽或啄食昆虫之类,有时也会上岸觅食。黑水鸡有个表亲,名叫"白骨顶",其全身黑色,但额甲为白色。2018年1月,我在马山湿地见到两只白骨顶在湖面上游弋,小船过来了也不急着躲避。

　　白胸苦恶鸟在东钱湖的数量应该不会比黑水鸡少太多,但一般不是那么容易看到,主要是这种鸟胆子特别小,喜欢在湖畔草丛中觅食,稍有

白胸苦恶鸟

动静即躲远或飞到湖面上。我在东钱湖见到它，基本上都是无意中走近了其隐匿的灌木丛，然后看到它被惊飞了出来 —— 通常是先落在湖面，然后迅速钻入芦苇丛。春夏时节，有时可以听到从湖边的草丛中传来"苦恶、苦恶"的持续叫声，那就是白胸苦恶鸟的雄鸟在为求偶而鸣叫。

爱潜水的"小水鸭"

在东钱湖，还有一种常见水鸟也容易被人误认为是小野鸭，那就是小鸊鷉（pìtī）。这是一种属于鸊鷉科的鸟儿，善于潜水捕鱼。小鸊鷉的外号不少，如小水鸭、水葫芦等 —— 因为这种鸟远看如小鸭子，而近看发觉其外形又圆又短，在水上浮浮沉沉宛如葫芦，故名。

小鸊鷉在湖畔处处有之，尤其在马山湿地、下水湿地、环湖东路的芦苇荡与池塘，更容易看到。不过，大家要注意，在春夏时节见到的小鸊鷉的羽色，与其秋冬时节的羽色完全不同。秋冬时节的小䴙䴘是褐色的，羽色比麻雀还单一。而到了春天，繁殖季节来临，它就褪去了低调朴素的冬装（即冬羽，又叫"非繁殖羽"），换上了鲜艳的春装（即夏羽，又叫"繁殖羽"），成了一只近乎黑红色的鸟，其暗红的颈部在阳光下微微泛着金属光泽，嘴边还具有明显的浅黄色斑。2018年4月28日，在马山湿地，我看到一只小䴙䴘的成鸟，带着它的两个孩子，悠然自得地游在水草的边缘。

小䴙䴘生性警觉，若有人走近，它第一反应是将身体往前一耸，头先尾后，钻入水下，等再露出水面时，早已在安全的远处。有时实在被逼急了，它才会先在水面踏波助跑，然后做短距离飞行，随即又落入水中。小䴙䴘脚上有蹼，身体灵活，在水底追鱼很内行，在鱼多的地方，有时甚至会看到受惊的鱼儿蹿出水面。

在东钱湖，除了小䴙䴘，还有凤头䴙䴘分布。前几年，我们在环湖东

小䴙䴘（冬羽）

路的湖边用望远镜看到过在远处湖面上游弋的凤头鸊鷉。2018 年 12 月
18 日，在环湖南路的湖边观鸟时，我又见到了两只凤头鸊鷉，不过依旧在
很远的地方。当时正是凤头鸊鷉的冬羽时期，其喉部是雪白的，所谓"凤
头"也只是头顶一小撮微微翘起的短毛。今后一旦换上春装，其喉部就变
成了黑红，仿佛下巴长了威猛的络腮胡子，而"凤头"则成了"爆炸式"的
很酷的发型，如同狮王一般。

凤头鸊鷉（冬羽）

斑嘴鸭

凤头䴙䴘是宁波的冬候鸟，也是我们这里体形最大的䴙䴘，冬天在海边的水库中最容易看到。平时，它们喜欢静静地在水面徜徉，脖子修长，姿态妩媚，回头时宛如嫣然一笑的淑女。当然，跟小䴙䴘一样，这也是一种善于潜水抓鱼的鸟。

另外，相对比较罕见的黑颈䴙䴘，虽然我迄今不曾在东钱湖见到过，但我相信一定会有。因为，除了在海边的湿地，在江北的英雄水库乃至慈城中心湖，我都见到过黑颈䴙䴘。以此推断，在东钱湖这样的水域也应该有，希望有一天能找到它。

静观野凫眠波

说完了黑水鸡、小䴙䴘等常被误认为是野鸭的鸟，现在我们来聊一聊真正的鸭科鸟类。自然，真正的野鸭在东钱湖也不少，它们基本上都是冬候鸟。综合前几年的浙江水鸟冬季同步调查结果（我参与了东钱湖区域的调查）及2018年的观测结果，在东钱湖所记录到的野鸭主要有斑嘴鸭、绿翅鸭、赤颈鸭、琵嘴鸭、鸳鸯等。不过，多数野鸭通常在离岸很远的水面上活动，或者隐蔽在人迹罕至的近岸的水生植物丛中，故而不容易被观察到。相对而言，斑嘴鸭胆子略大一点，常会到离岸不远的水面上活动。2018年1月11日，在马山湿地，我见到2只斑嘴鸭在靠近岸边的芦苇丛旁的湖面上游动，不甚惧人。当年12月中旬，在安石路旁的湖面上，我见到了两群共14只斑嘴鸭。后来，在中国摄影家协会宁波艺术中心附近的湖边，通过高倍望远镜的搜索，我在远处的湖面上见到了几百只野鸭，其中多数是斑嘴鸭，还有少量的绿头鸭、绿翅鸭等。野鸭群在湖面上形成一条很长的带，颇为壮观。

　　或许有些人不知道，羽色华美的鸳鸯也属于鸭科鸟类，每年都有一定数量的鸳鸯来东钱湖越冬。有一年冬天，浙江省林业厅的调查人员在东钱湖发现两三百只鸳鸯。2014年3月12日，在下水村附近的湖畔，我市植物专家林海伦在野外调查时，偶然发现了一只受伤的雄性鸳鸯 —— 它的脚不慎被渔网缠住，导致骨折。当天傍晚，这只鸳鸯被送到雅戈尔动物园救治。为了保住它的生命，兽医无奈给它做了截肢手术，好在其他方面没什么大碍。后来，它被放归于动物园中的水禽湖。当时，我目睹着它扑腾着翅膀飞向远处。

　　另外，善于潜水捕鱼的鸬鹚在东钱湖也时常可以见到。它们是这里的冬候鸟，觅食时在湖面游弋，不时潜入水下捕鱼；休息时常站在湖中的

绿头鸭

绿翅鸭

鸳鸯（左雄右雌）

树桩、竹竿等物体的上面，有时会张开翅膀进行长时间晾翅。

在宁波的"山、湖、江、海"这些生态系统中，东钱湖无疑是非常重要的湖泊型湿地。而生物多样性的程度，是考察一个湿地系统优劣的重要指标。以上，把东钱湖的水鸟进行了一个非常粗略的盘点，我相信，随着观察的深入，一定会有更多的水鸟种类被发现。从已有的水鸟记录来看，东钱湖显然已经具备了以湿地动植物为主要特征的相当不错的生物多样性。

鸬鹚

"人与自然是生命共同体。"从我这样的观鸟爱好者的角度看来，在东钱湖区域今后的发展过程中，如果能更注重原生态的保护，多多考虑野生动植物的福祉，东钱湖一定会更美，离"人与自然和谐共存"的目标更近一步。

我常常想，如果有那么一天，当鸟儿"赢"了的时候，实际上才真的是我们人类赢了。共赢，不仅体现在人与人之间，也体现在人与自然之间，因为，我们原本就是一个亲密无间的生命共同体。

东钱湖野鸭群

15
湖山漠漠鹭群飞

白 鹭

　　"此地陶公有钓矶,湖山漠漠鹭群飞。渔翁网得鲜鳞去,不管人间吴越非。"这首咏东钱湖的诗很有名,常被人所引用。它出自清初浙东著名学者、诗人李邺嗣的《鄮东竹枝词》。

　　确实,这首短短28字的诗,多角度地反映了东钱湖的特色,蕴含的"信息量"可谓相当大:陶公钓矶,说的是东钱湖的景点具有深厚的历史文化底蕴;湖山鹭群,赞叹的是当地的自然生态之美;"网得鲜鳞",则是指此地物产丰富且有特色;最后一句,"不管人间吴越非",描述的是一种淡泊、超然的心态,实际上也是在赞美东钱湖美得超凡脱尘,让人产生归隐之心。

　　当然,在这里,我仅仅想针对"湖山漠漠鹭群飞",做一些基于多年来实际观察的"解读"。从湿地类型的角度讲,东钱湖是浙江最重要的湖泊型湿地之一,面积广大,水草丰茂,是多种鹭科鸟类的栖息地。

鹭群

🔲 鹭群的约会

　　至今记忆犹新，2011 年国庆假期，朋友打电话告诉我，东钱湖下水村附近出现了数以千计的白鹭，场面非常壮观。可惜当时我在老家海宁，等我于 10 月 5 日赶到下水村时，那里的鹭鸟已经不到百只。我向当地村民打听，对方说，前一天的傍晚白鹭还有很多的，"湖边整座山都白了"，可惜

它们在一夜之间几乎全飞走了。

我明白了,这些肯定是迁徙路过这里的鹭鸟。10月是鸟类南迁的高峰期,很多鸟会集群迁徙过境。那天,我注意到,留在那里的几十只"白鹭",实际上几乎都是牛背鹭,但由于此时已经过了繁殖期,因此它们头部与颈部在春夏时节呈现的金黄色"婚羽"(即夏羽)已经褪去,而变得全身雪白,跟普通的白鹭无甚差别。但仔细看的话,会发觉它们的嘴是黄色的,脚趾是黑色的 —— 与此相反,白鹭的嘴是黑色的,而脚趾是黄色的。

那次没有拍到"满山皆白"的场景,我深感惋惜。此后,每到国庆节前后,我就十分关注东钱湖鹭群的动向。可惜,要么所见到的鹭鸟依旧不多,要么鸟虽然很多(根据朋友"情报"),而我却在外地。总之,连续几年都错过了。

幸运之神终于在 2016 年的国庆假期眷顾了我。也是在 10 月 5 日,那天上午,我和妻子到东钱湖拍照,开车途经环湖东路时,老远就望见,下水村附近的湖面水草及湖畔小山上一片雪白,当时我激动得说是"热血沸腾"也不为过。等了这么多年,这壮观的场景终于在我眼前出现了!

赶紧停好车,掏出器材就往湖边奔,以选取一个合适的角度。几千只鹭鸟,停栖在湖畔,真的"染"白了湖畔的草木与附近的山坡。当鹭鸟群飞的时候,它们仿佛化身几片白云,凭空从湖面上掠起,在山峰之间盘旋。时逢假日,湖边游客很多,大家都为这难得一见的生态美景深深陶醉,很多人一边惊呼,一边赶紧用手机拍照。从现场拍的照片来看,这些鸟绝大多数是牛背鹭,还有少数是白鹭、夜鹭与中白鹭。

那天,天空的云很多,湖边水汽又重,因此当无数的鹭鸟在山水之间飞翔的时候,那场景真的是非常真切地呈现了"湖

东钱湖鹭鸟

山漠漠鹭群飞"的意境。次日，我拍的照片刊登在了《东南商报》的头版。而与此同时，鹭群也已在一夜之间几乎消失殆尽，继续南迁的旅程。

当时，我曾在湖边问一位划船的村民：这么多鹭鸟，每年可以看到几次？没想到，这位村民很懂行，侃侃而谈。据他说，每年国庆节前后，都可以看到大量的鹭在这里逗留，有时甚至可以看到3批，即9月29日前后一批，10月2日前后一批，10月5日前后又来一批，其中总有一批数量非常多。他还说，每批鹭鸟在东钱湖的停留时间很短，只有一两天工夫，然后"就飞到象山港的滩涂上了，不信你去看"。

遗憾的是，2018年的9月27日至10月2日这5天中，我有4天在东钱湖，可惜没遇见鹭群。事后听我的朋友——《鄞州日报》的摄影记者李超讲，他听别人说，10月上旬，确实有一天在下水湿地出现了大量鹭鸟，但不知是哪一天。

钱湖邂逅九种鹭

说完了鹭群与东钱湖的"约会"，可能有人会问：在东钱湖区域，一年中可以看到多少种鹭呀？

目前所知，在整个宁波地区，至少分布着15种鹭科鸟类，而据我所见，在东钱湖有确切记录的鹭鸟起码有以下9种：白鹭、中白鹭、大白鹭、牛背鹭、池鹭、夜鹭、黄斑苇鳽（yán，一说读作 jiān）、栗苇鳽、黑苇鳽。

我们习惯把鹭鸟统称为白鹭。不过，鹭鸟的羽色有很大不同。在东钱湖有分布的鹭，就其羽毛的主色调而言，就有白、灰、黄、红、黑，故不妨称为"五色鹭"。具体而言，白色系的为白鹭、中白鹭、大白鹭、牛背鹭；灰色的是夜鹭和苍鹭；黑色的是黑苇鳽；黄色的是黄斑苇鳽；红色的是栗苇鳽。池鹭为棕褐色与白色的混色。

白色系的几种鹭，对缺乏经验者来说，有时在野外会觉得难以区分。先来准确认识白鹭：其雪白的身体、黑色的喙及黄色的脚趾，是区别于其他白色鹭鸟的鉴别特征。白鹭在东钱湖一年四季均可见到，属于常见留鸟。牛背鹭是夏候鸟，每年4月从南方迁来，在东钱湖的田野里比较多见，湖边少见。牛背鹭与白鹭的区别见上文。

池鹭也是常见夏候鸟，个子比白鹭要小，在春夏繁殖期，它的头部棕红如雄狮，相当威武，背部呈蓝黑色，其余部分为白色。在秋冬，其羽色就变

白鹭

池鹭（夏羽）

池鹭（冬羽）

得比较灰暗。有趣的是，在 2017 年和 2018 年的年底，我分别在下水湿地与环湖南路的芦苇荡中，拍到了一只池鹭。显然，它没有跟着大部队南迁，而是留在东钱湖越冬了。

中白鹭

大白鹭

　　中白鹭比白鹭体形略大,而脚趾为黑色,嘴在繁殖期为黑色,非繁殖期则为黄色。中白鹭不常见,我在东钱湖几次见到它们,都是零星的一两只,观察到的地点通常在环湖东路或下水湿地,而且都是在秋季迁徙期。大白鹭一般难以被认错,因为它实在比白鹭大太多了,而且脖子非常长,以至于呈特殊的扭曲。虽说就宁波地区而言,大白鹭全年可见,但具体到东钱湖区域,冬季更容易看到。

　　夜鹭也是东钱湖的常见鸟,秋冬时节,在马山湿地尤其多。夜鹭的眼睛是红色的,比较独特。我曾开玩笑说,一定是它们喜欢在夜晚捕食,因此把眼睛熬红了。夜鹭跟常见的白鹭差不多大,其成鸟的背部接近黑色,而两翼及尾部为灰色;而亚成鸟(即还不是成鸟,只是"青少年")的体色偏褐,且较为斑驳,因此很多人将夜鹭称为"灰鹭"。夜鹭很善于捕鱼,常在湖面上空巡视,不管活鱼死鱼,它们都爱吃。有一次,在环湖东路的池塘旁,我见到一只夜鹭试图取食网兜里的小鱼,可是隔着网,它始终只能

夜鹭（亚成鸟）

夜鹭（成鸟）

叼住鱼，却吃不到，那又急又窘的模样让人忍俊不禁。

苍鹭的羽色以深灰为基调，它是一种高大的水鸟，跟大白鹭差不多大。它们在海边很常见，在东钱湖不算特别多，不过在马山湿地、下水湿地均能见到，而在陶公山附近的湖面上冬天时能见到好多。

在靠近安石路与陶公路的湖面上，有一长排的插在湖里的杆子。2018年的1月、2月、11月与12月，我都发现，在那

苍鹭

些杆子的顶端,高低错落地停着很多鹭鸟,多的时候有 100 只左右。其中,最多的是苍鹭,此外还有白鹭、夜鹭与大白鹭。

而黄斑苇鳽、黑苇鳽、栗苇鳽这 3 种鸟,都是我们这里的夏候鸟,在东钱湖区域均不常见 —— 它们主要栖息在环湖东路沿线的芦苇荡中。黄斑苇鳽是宁波个子最小的鹭,只有白鹭的一半大小,全身以棕黄色为主,两翼尖端及尾部黑色,故有个俗名叫"黄小鹭"。它有个习性,就是喜欢双脚分叉,分别撑住一根芦苇,眼睛紧盯着水面,伺机捕鱼。它很有耐心,可以保持这个姿势很久,那模样很像专业体操运动员。就飞行姿势而言,黄斑苇鳽也比较独特。白鹭等其他鹭鸟由于体形相对较大,因此飞行时振翅比较舒缓,而"黄小鹭"身体轻巧,故飞行时振翅很快,简直就像雀鸟一般。

相对而言,黄斑苇鳽还算容易见到。而想一睹几乎全黑的黑苇鳽,以及栗红色的栗苇

黄斑苇鳽

黑苇鳽

栗苇鳽

鳽的风采，则真的需要比较好的运气。

　　我相信，只要保持良好的湿地生态环境，特别是留住大片的不为人打扰的芦苇荡，那么在东钱湖区域可以见到的鹭的种类一定会更多。比如说，作为夏候鸟的绿鹭与草鹭，以及作为冬候鸟的大麻鳽，都是完全有可能来东钱湖栖息的。

16

水凤凰的家园

水雉（亚成鸟）

在我的《云中的风铃：宁波野鸟传奇》一书中，有一篇文章题为《全职"鸟爸爸"》，文中的主角，就是水雉和彩鹬这两种漂亮的鸟。其中，关于水雉的故事，主要来自在东钱湖的实地观察与拍摄。

顾名思义，水雉就好比是生活在水上的雉鸡——尽管事实上它跟雉没有啥关系，它不属于雉科，而属于水雉科。不过，由于这种鸟外形漂亮，且确实有点像鸡，因此它有个很好听的雅号：水凤凰。

尽管关于水雉的故事已经写过，但写《东钱湖自然笔记》一书，又怎么能避而不谈"水凤凰"呢？因此，这里还是以《全职"鸟爸爸"》的内容为基础，经增补、改写，写成此文。

钱湖畔发现"水凤凰"

绝大多数的鸟儿，都是鸟爸爸鸟妈妈一起承担起筑巢、孵卵、育雏的

水　雉

工作。在孵卵期，通常是一只亲鸟留在巢中，而另一只出去觅食，或者负责警戒（通常是雄鸟），到了一定时间，两者就"换班"。而当雏鸟破壳而出，几张小嘴总是张得大大的，似乎永远吃不饱，鸟爸爸鸟妈妈拼命捉虫喂食，忙得不可开交。

但有的鸟，如水雉、彩鹬等，却属于"另类"：它们实行"一妻多夫"制，即在同一个繁殖季，雌鸟只管产卵，产完卵之后不久就另寻新欢，与其他雄鸟再次交配与产卵，至于接下来的孵卵与养儿育女的工作全部都由鸟爸爸来完成。因此，对它们的宝宝来说，它们是"只知其父不知其母"的。

这里主要说说水雉。在宁波，水雉是比较罕见的夏候鸟，每年春末飞来寻找合适的繁殖地，比如有大片睡莲或菱角等植物的水域。它的趾爪特别长，能轻步在莲叶上行走，挑挑拣拣地找食，间或短距离跃飞到新的取食点。软体动物、昆虫、浮游生物和植物根部、嫩芽或种子等，都在水雉的菜单上。

2009 年 7 月底，在东钱湖环湖东路旁的一个池塘（位于目前的纪家庄酒店旁）里，宁波鸟友发现了多只水雉，并且至少有两只水雉在抱窝孵卵。此前，在宁波，我只知道在杭州湾湿地出现过水雉，至于繁殖，还是那年第一次见到。在繁殖期，水雉的打扮很抢眼：背上披着深褐色的外套，在阳光下有时还会显现铜绿光泽，胸腹部羽色更深，反衬得脸部更加洁白、秀气；而最引人注目的，则是后颈的那一抹镶着黑边的金黄，还有近黑色的纤长的尾羽……尽显高贵、典雅的气质，总之"水凤凰"的美誉绝非浪得虚名。

这个水塘并不大，周边有不少芦苇。但是，在当年，这绝对是一个堪称"神奇"的池塘。好多鸟类经常在这里活动：除了水雉，还有黑苇鳽、栗苇鳽等难得一见的鹭科鸟类生活在芦苇丛中；翠鸟经常站在水中的竹竿上准备捕鱼；斑鱼狗也会不时飞到池塘上空悬停，寻找抓鱼的机会；至

水雉爸爸在覆盖着芡的水面上筑巢

于黑水鸡、小鹏鹧、白鹭、夜鹭等水鸟，更是这里的常住居民。

当时，池塘约一半的水面上覆盖着芡——一种睡莲科的大型水生植物。在平铺于水面的芡的叶面上，水雉用少量水草，相当"草率"地弄了一个巢。从那年7月底开始，我经常抽空到这个池塘边，隐蔽在芦苇丛中，拍摄离岸相对较近的那一窝，巢中共有3枚卵。这位水雉爸爸非常尽责，有时会蹲下来，用翅膀像手一样略微翻动一下卵，然后把3枚卵一起"搂"紧，安放在自己身下。在孵卵期，它显得有点凶，只要黑水鸡、小鹏鹧等鸟儿靠近到离巢二三十米的地方，它就突然起飞，将那些不识相的鸟儿驱逐得落荒而逃。

辛苦的水雉爸爸

8月9日下午，正当"莫拉克"台风登陆之时，风雨大作。然而，水雉爸爸一直静静地趴在窝里，牢牢守护着它的卵。陪伴它的，除了大风大雨，还有隐蔽在池塘边、穿着雨衣但仍浑身湿透的我。

此前，已持续观察了3周，但小鸟还是没有破壳而出。

8月23日早晨7点多，我和鸟友老钱再次来到这个池塘边，看到水雉还在抱窝。我们都没耐心拍它了，专门拍翠鸟。不过，我们发现，经历了几番风雨，水雉已经把自己的窝挪了几次位置，越来越靠近芦苇丛了。而且，辛劳的水雉爸爸也显得比原先憔悴了不少，颈后的金色羽毛明显失去了光泽。

7∶52，我忽然听到水雉连续的"咕咕"叫声。掉转"大炮"（超长焦镜头）一看，啊呀，这个激动、意外啊，没想到水雉宝宝刚刚出壳了，而且是两只！瞧，刚出生的小水雉显得黑乎乎、湿答答的，其中一个小家伙已经在试着努力站起来，而另一个还趴着呢。

8∶28，两个小宝宝已经基本晒干了羽毛，开始跟着爸爸蹒跚学步了。过了一会儿，水雉爸爸继续孵剩下的那枚卵。

在台风雨中孵蛋的水雉爸爸

　　8：50，水雉爸爸突然起飞，估计是去觅食了，留下这对小宝贝暂时待在剩下的那颗卵旁边。两个小家伙似乎还在好奇地等着弟弟（妹妹）出生呢！

　　水雉的幼鸟属于早成鸟。所谓"早成鸟"，是指出壳不久的雏鸟，眼睛就已经睁开，并且全身有稠密的绒羽，腿足有力，很快就能跟随亲鸟，自行觅食。相反，"晚成鸟"在出生时眼睛紧闭，全身光溜溜的几乎没有羽毛，只能依靠父母保温、喂食，比如麻雀、燕子、白头鹎等雀形目鸟类就属于晚成鸟。

水雉爸爸和刚出壳的雏鸟

刚出壳的水雉雏鸟

　　两天以后的早晨，我再次去看望水雉一家，发现第三枚卵没有孵化成功，它依旧留在原地。不过，两只小水雉已经跟着爸爸走到了离窝很远的地方，自己管自己觅食。

　　再过了两天，小水雉的活动范围更大了，而且

觅食的幼鸟

游泳自如的幼鸟

已经游泳自如。我注意到,有时,如果有一只小水雉落在后面不愿意游过来,水雉爸爸会返回去鼓励它赶紧下水、跟上,这场景真的很感人。

几天后,我再去那个池塘,发现水雉爸爸带着两个孩子在更远的地方活动了。那时,已经是 9 月初了。很快,当微凉的秋风吹起,夏季出生的水雉宝宝已变成少年,届时就要跟着爸爸,飞越千山万水,回到南方去越冬。

2010 年夏天,在这个池塘,我们再次见到了前来繁殖的水雉,这也是我最后一次在这里见到水雉。后来几年,在环湖东路的湖畔,透过望远镜,我也曾在远处的植物叶面上见到过水雉,但由于距离太远,因此没法拍摄。

给“水凤凰”们营造一个家

在宁波,另一位鸟类中的“全职奶爸”就是彩鹬,也很罕见。孵卵、“带娃”等工作,彩鹬爸爸的行为与水雉爸爸很相似,这里就不详述了。

看名字就知道，彩鹬是一种非常漂亮的鸟。大多数鸟儿，都是雄鸟比雌鸟好看，而彩鹬不一样，雌鸟明显比雄鸟更为艳丽。雌鸟的头部与胸部均为鲜艳的栗红色，看上去雍容华贵，气度不凡；而雄鸟虽然也挺漂亮，但其体色比雌鸟暗淡得多。彩鹬的眼睛在头部所占比例较多，因此显得大而有神。

彩鹬（雄）

2013 年 1 月，鸟友在东钱湖梅湖农场附近的水田里发现了好几只彩鹬，很奇怪都是雄鸟。早先，我还曾误以为彩鹬是本地的夏候鸟，直到那次在寒冬腊月里看到它们，才确认彩鹬是留鸟 —— 如果不是全部的话，至少有一部分是四季都在宁波的。这块水田里留着秋收后剩下的一些枯黄的稻草，白天，这些彩鹬几乎整天都钻在稻草堆的缝隙里一动不动，

彩鹬（左雄右雌，熊书林摄）

躲藏在枯草堆里的彩鹬

有的只露出一双警觉的眼睛。若不是事先看着鸟儿走进去，那是根本不可能找到的。在白露为霜的清晨，它们悄悄地出来觅食。

水雉也好，彩鹬也好，它们都可以说是美丽而稀有的"水凤凰"，东钱湖若能为它们保留或营造一个安全、舒适的家，那是一件多么美好的事啊！俗话说："栽得梧桐树，引来金凤凰。"其实，我们也可以通过某种方法，为东钱湖引来更多"水凤凰"。比如说，目前环湖东路的湖畔，有不少地方种了荷花，而且芦苇丛也比较茂密（能给水雉提供一个隔断游客干扰的环境）。其实只要在部分地方改种较大面积的芡或菱角之类的植物，就可以吸引水雉来这里营巢繁殖。当然，如果能在减少人类活动对鸟类的干扰这一方面 —— 比如说多增加芦苇的面积、设置隐蔽的观鸟亭等 —— 做得更出色，那就更好了。

17

芦苇丛中的精灵

翠　鸟

2018 年底，我带孩子们在芦苇荡旁边学习《诗经·秦风·蒹葭》，一起朗诵："蒹葭苍苍，白露为霜。所谓伊人，在水一方。溯洄从之，道阻且长。溯游从之，宛在水中央 ……"讲解完诗歌之后，我们一起寻找、观察湿地中的植物与鸟类。

当时，有个孩子忽然跟我说："大山雀老师，我看'所谓伊人'的'伊人'不一定非得指一个人啊！只要是诗人追寻的，什么都可以呀，就好像我们在这里观鸟一样。"我先是一愣，接着大大表扬了他，夸他能打开思路，见解不一般。

是的，对于我这样的观鸟爱好者来说，是很喜欢到芦苇茂盛的湿地环境中寻找鸟类的。虽然，那些活泼的精灵总是"在水一方"，不管我"溯洄从之"还是"溯游从之"，都很难接近，但我始终不会放弃。

钱湖之畔多芦苇，在环湖东路（含下水湿地）、环湖南路（含马山湿地）一带，尤见"蒹葭苍苍"之美。那么，在芦苇梢头，又活跃着哪些鸟儿呢？

飞羽之约

145

⧉ 捉虫的雀鸟

　　若问我在东钱湖的芦苇丛中
见到的哪种鸟儿最多，则毫无疑
问是棕头鸦雀，尤其是在冬季
与早春。别看那个时候天
气寒冷，芦苇枯败，似
乎了无生机，其实
完全不是那么回事
儿。2018 年 1 月到 3
月，我多次到马山湿地拍鸟，几乎每次过去，就先看到一群棕色的小鸟
活跃在芦苇丛中，它们尤其偏爱那些遭受虫害的苇秆，总是用双爪紧紧

棕头鸦雀

大山雀

抓住苇秆，有时作"引体向上"状，然后用又粗又厚的嘴使劲啃去苇秆的表层，力图找出藏在里面的昆虫幼虫或虫卵之类的美食。这个时候，会听到现场传来一阵轻微的"哔哔啵啵"的声音，这正是这些憨头憨脑的小家伙啃食的声音。2018年2月1日，小雪之后，马山湿地的芦苇之上犹有少量积雪。那天，我看到几十只棕头鸦雀在一起享受早餐，它们像一波鸟浪，在芦苇丛中快速移动。

宁波的鸦雀科鸟类有4种，其中最常见的鸦雀是棕头鸦雀，其他分别是灰头鸦雀、震旦鸦雀、短尾鸦雀。棕头鸦雀的头顶至上背棕红色，尾巴较长。它们喜欢成群活动，非常好动，总是在灌木或芦苇丛中呼朋唤友，一起觅食。

和棕头鸦雀具有类似习性的，是中华攀雀和大山雀。中华攀雀是宁波的冬候鸟，曾被划入山雀科，现在属于单列的攀雀科。它们几乎完全在芦苇丛中生活，在东钱湖一带不常见，在每年三四月份的迁徙季节，相对比较容易看到它们。中华攀雀属于不会被认错

中华攀雀

的鸟,因为这些体形娇小的鸟儿都戴着深色的"眼罩",雄鸟尤为明显。它们在芦苇丛中觅食的方法,几乎跟棕头鸦雀完全一样,只是它们抓住苇秆玩"体操"动作的本领更强,不负"攀雀"之美名。至于大山雀,它们通常更爱在树上捉虫,到芦苇丛中觅食貌似只是偶然行为,在缺少虫子的冬季更喜欢光顾。

　　白腰文鸟和斑文鸟也喜欢飞到芦苇丛里。不过,我注意到,它们主要不是为了觅食,更多的时候,是为了叼取残存的芦花,拿回去用作松软的巢材呢!

斑文鸟

白腰文鸟

苇秆上的歌手

跟上述因为在芦苇丛中觅食而被我们注意到的小鸟不同，有的鸟儿虽然也喜欢在芦苇丛捉虫，但更多的时候，却是它们的鸣叫声首先吸引了我们的目光。

最常见的"小歌手"，是纯色山鹪（jiāo）莺，这是一种扇尾莺科山鹪莺属的鸟类，又叫作褐头鹪莺，是本地的常见留鸟。它全身淡褐色，虽说跟麻雀差不多大，但由于尾羽很长 —— 几乎跟身体等长，因此整只鸟就显得比较修长。我常去下水湿地观鸟，大多数时候都能在那里见到纯色山鹪莺。跟喜欢结大群活动的棕头鸦雀、中华攀雀等鸟儿不同，纯色山鹪莺要么是独自活动，要么是成小群活动。只见它一会儿在芦苇的梢头，一会儿在再力花的顶端，一会儿又飞到蒲苇或荻的上面，长尾巴微微散开，放声鸣叫。在春夏繁殖季节，雄鸟可以连续在上面不知疲倦地唱很久，

纯色山鹪莺

它的歌声称不上婉转，总显得有点急促，
音调上扬："唧！唧！
唧！……"

　　台湾的散文大师兼博物学家陈冠学先生，在
其名作《田园之秋》中曾非常形象地描述道："草鹪
鸰是这里最好的歌手，它们载歌载舞，从这株草翻到
那株草，不足半两重的身躯，有时居然会把一枝狗尾
草压得垂到地面。"这里说的"草鹪鸰"，其实跟鹪鸰
科的鸟类没有关系，所指的应该就是一种鹪莺，我觉得
最大可能就是指纯色山鹪莺。

　　在四五月份鸟类春季北迁时节，在湖边的芦苇荡当
中还能听到苇莺的歌声，通常是东方大苇莺在表演，运
气好的话，还能一睹黑眉苇莺的风采。从"苇莺"这个
名字就知道，它们都是喜欢生活在芦苇丛中的鸟。东

东方大苇莺

方大苇莺是宁波的夏候鸟,在海边大片的芦苇地里比较常见,而在东钱湖区域,似乎以路过的为主,少有留下来进行繁殖的。这鸟很有趣,唱歌的时候喜欢"捉迷藏",即先跳到芦苇的顶端大声唱:"呱呱叽!呱呱叽!"没唱几句,就又突然钻入了芦苇的下层,不唱了。过一会儿,它的鸣声又会从芦苇的深处冒出来,渐渐由下而上,直至重新站上苇秆之顶。

大家都知道,画眉以善鸣著称。不过,同属于画眉科的黑脸噪鹛,其鸣叫声却实在令人不敢恭维。有趣的是,在东钱湖的马山湿地、下水湿地及环湖东路的湖畔,常能见到黑脸噪鹛。有时到上述地方,老远就听到响亮而单调的"丢!丢!"的叫声,我就知道那里有黑脸噪鹛。它们总是三五成群,在芦苇丛钻来钻去,很难拍到它们。

相比于黑脸噪鹛的大声喧嚷,喜欢在芦苇丛及湖边灌木丛中活动的褐柳莺就显得低调很多。这个小不点儿总是躲在茂密的植被里"自弹自

黑眉苇莺

黑脸噪鹛

唱",发出"结、结"的声音,犹如两颗石子在轻轻相击。

抓鱼的小翠

　　如果问,在湖边芦苇丛常能见到的最漂亮的小鸟是什么鸟?那么答案显然只有一个:翠鸟。

　　翠鸟,规范的中文名叫"普通翠鸟",身体娇小,背部羽毛在阳光下呈现为艳丽的亮蓝色。凡观鸟爱好者,几乎没有不喜欢翠鸟的,它被大家昵称为"小翠"。

　　2018 年 12 月,是个湿漉漉的冬月,大多数日子都是阴雨绵绵。12 月 18 日那天,是难得的晴日。我和妻子一起到陶公山、环湖南路一带观鸟,一路清点当日

翠鸟(手绘)

叼着小鱼的翠鸟

看到的鸟种。快傍晚的时候,我们走到了中国摄影家协会宁波艺术中心附近,我跟妻子开玩笑说:"今天还差翠鸟没看到呢!"谁知,话音未落,就听到不远处传来急促的"滴、滴、滴"的叫声。"翠鸟! 这是翠鸟的叫声,它刚刚飞过!"妻子还不相信,但我已经往左前方的芦苇丛冲去,然后用望远镜仔细搜索临水的芦苇,我想这只翠鸟十之八九躲在那里。果然,我马上就看到了,这小家伙正站在一根横斜的苇秆上,嘴里叼着一条银闪闪的小鱼。那鱼儿显然是它刚刚捕到的,正在拼命挣扎呢,而翠鸟不慌不忙,几次甩鱼,调整好角度,最后让鱼头对准自己的嘴,然后囫囵吞咽了下去。

　　翠鸟在东钱湖很常见,它喜欢停在水边的枝条、石头等上面,长时间低头注视水面,一旦发现鱼儿,就会立即弹射入水捕鱼。但由于小家伙非常机警,因此很难接近,往往人还没走过去,它就已经箭一般贴着水面飞走了。

翠鸟

翠鸟悬停

  2018年1月27日，我到下水湿地拍鸟，运气很好，刚走到湖边，就见到一只翠鸟飞过，而且它还在芦苇荡的边缘表演了一次悬停捕鱼好戏——即在空中如蜂鸟一般高速振翅，几乎停在半空，而眼睛却紧盯着水面，观察鱼儿动静，瞅准机会，便一头扎入水中。相机的高速快门捕捉到了它振翅悬停的美妙瞬间。忽然，小家伙扑入水中，可惜没有捕到鱼，随即飞到一旁，停在残荷的茎上。

  关于东钱湖的翠鸟，我所拍到的最好的照片，或者说最有戏剧性的小翠故事，是在2009年8月23日的清晨，地点是在环湖东路旁的一个池塘。我在《云中的风铃：宁波野鸟传奇》一书中详细记录了这个故事，这里再简述如下：

  那天，我在池塘边蹲守拍鸟时，忽见翠鸟爸爸叼着一条小鱼飞来停在离我最近的那根竹竿上。它的两个孩子一前一后，马上飞来讨鱼吃。只见后来的那个翠鸟宝宝，在空中一个急刹车，鼓翅悬停，张开嘴巴，企图

三个翠鸟宝宝

跟先到的翠鸟宝宝抢鱼。有趣的是，这两个抢食的孩子谁都没有吃到小鱼，似乎有点生气的翠鸟爸爸竟然叼着鱼飞走了！它直飞芦苇丛，把鱼给第三个孩子吃了！此前，我就已注意到，这池塘里的翠鸟夫妇育有三个孩子，我拍到过三个翠鸟宝宝在一起的照片。

上文介绍了在东钱湖的芦苇丛中常可见到的部分林鸟，当然，喜欢到芦苇中逛逛的鸟儿并不止这些，连有些平时主要在树上或地面活动的鸟儿也不例外。就像 2018 年 12 月 12 日上午，我到下水湿地观鸟时，居然见到数以百计的八哥和丝光椋（liáng）鸟，尤以八哥为多 —— 这两种鸟都是属于椋鸟科的鸟类，算是表亲 —— 它们起初停在树上，后来也飞到了芦苇丛中，在那里吵闹不休，倒是为萧瑟清冷的湿地平添了很多活力。我拿着长焦镜头悄悄接近，它们不甚惧人，等我走得很近了才会起飞，眼

翠鸟争食

八哥与丝光椋鸟

前顿时黑压压一片掠过，八哥黑色翅膀上的一对白斑在飞行时显得尤其明显。很多鸟停在了湿地中石拱桥的栏杆上，于是，一座冰冷的桥也仿佛立刻变得有活力起来。

蒹葭萋萋，白露未晞。有鸟成群，在水之湄。湖畔的芦苇荡，不仅有景观与生态之美，同时也充盈着从两三千年前延续至今的诗意。

环湖南路湖畔的芦苇丛

18
福泉山观鹰记

红　隼

前几年，鸟友发现了一个很好的观察秋季迁徙猛禽的点，那就是位于杭州湾北岸嘉兴平湖市的九龙山。在每年的 9 月中下旬至 10 月上旬，只要天气晴好，常能看到大量猛禽南迁。我常想，要是在宁波也能找到这样的可观赏猛禽的山头就好了。

2018 年国庆节前夕，我想趁着长假未到、东钱湖福泉山上游客不多的时候，去那里的山顶寻找猛禽。谁知 9 月 29 日那天，虽然天气很好，但由于海上有台风"潭美"活动，受其外围影响，宁波境内风很大，市气象台发出了"大风黄色预警"，我只好放弃在那天上福泉山的计划。

9 月 30 日，天气依旧晴朗，风力明显减弱，我和妻子一起，带上沉重的"大炮"、三脚架、望远镜等器材，坐景区的车，直奔海拔 500 多米的福泉山顶。

山巅等鹰来

福泉山是东钱湖畔的知名景区。如果天气晴好，空气通透，站在山顶，往东南可远眺东海与象山港，往西北则可望见东钱湖乃至宁波城区，故有"一山观湖海，万翠拥福泉"之称。山顶是面积很大的茶园，还有一个供游客休息、赏景的茶室。茶室前有一汪碧水，名曰"龙潭"；潭旁有古井，井水常年不竭，号为"福泉"。多年前，单位工会搞活动，我曾来此游览过。

那天上午，我们坐车来到山顶，车子停在"龙潭"附近。司机师傅大声跟我们说："下山的末班车是下午4点，上车地点还是在这里，千万别错过了！"我们答应了一声，便扛着器材下了车。

在福泉山山顶等猛禽

一阵清新的山风迎面吹来，让人精神为之一振。环视四周，只见全是碧绿的茶园，总体地势比较平坦。附近的最高点，当属矗立着"福如东海"巨石的那个小平台。于是，我们决定到那里守候猛禽。沿路听到很多鸟鸣声。最响的，是从远

福泉山龙潭

灰胸竹鸡

处树林中传来的灰胸竹鸡的持续叫声,其声酷似"地主婆!地主婆!"十分有趣。灰胸竹鸡是本地山里常见的一种野生雉科鸟类,但由于行踪隐秘,故常闻其声,却难觅其影。此外,珠颈斑鸠"咕咕、咕咕"的叫声悠远绵长,大山雀"叽叽嘿、叽叽嘿"的鸣声婉转悦耳……一路伴着鸟语前行,倒也不寂寞。

到了"福如东海"巨石旁,极目远眺,四周景色一览无余。不过,尽管城区与山脚的风力均很小,但山顶的风还是很大,看来台风的余威还在。这对于观赏猛禽来说是不利的,因为有这么大的风,就算有猛禽经过,它们也不会像在风力很小的时候那样,在上升的热气流里盘旋升空,而是会乘风而行,快速通过。但既然来了,我们还是决定耐心等一等。我支好了三脚架与"大炮",将"炮口"对着天空,自己抬头望天,搜索飞鸟的影迹。同时,把双筒望远镜给了妻子,让她帮忙寻找猛禽。不过,很可惜,守了一上午,可谓"望眼欲穿",却没见到一只老鹰。

龙潭旁的野果——紫珠

龙潭之上，鹰击长空

中午，我们吃了点干粮，决定换个地方守候猛禽。往龙潭方向慢慢走，沿途拍到一只名叫"小黄赤蜻"的蜻蜓，它的复眼的上部呈迷人的酒红色。到了龙潭边上，风小了很多，午后的阳光十分温暖。忽见一株灌木上挂满了很多珠子状的果实，紫色的野果映着碧蓝的湖水，十分好看。"紫珠！"我喊了一声，赶紧跑过去细看，果然，那是一种马鞭草科紫珠属的植物，不过和以前我所见过的其他紫珠属植物又有所不同。回家后翻书，觉得这可能是白棠子树，其果实俗称"小紫珠"。

沿着湖岸走，忽然见到一条灰色的蛇快速游进了草丛，我不由自主大叫了一声："蛇！"而此时，身旁的妻子忽然喊道："快看天上，快看天上，好像是只老鹰！"我抬头一看，哇，果然，有一只猛禽在天空翻飞，而且距离不是很远。其轮廓特征也很明显：翅膀狭长而尖，像微弯的镰刀。"是一

只隼！"我说。

　　我赶紧掉转"炮口"，对着天空寻找这只
猛禽。谁知，急切间，手忙脚乱，相机一时间竟
没有对上焦，眼睁睁看着它向着太阳逆光飞去，
眨眼间就隐没在雪白耀眼的强逆光里，不见
了踪影。正懊恼时，偶尔抬头，发现它居然
又回来了！这下总算"逮"住了它！相机的高速快
门如机枪扫射般响个不停。几秒钟后，它又振翅远飞
了，这次不再回来了。仔细回放照片，发现它的脸颊
上有明显的黑色髭纹，而腹部有很多黑色纵纹。是一
只燕隼！以前我还没有拍到过这种鸟呢。燕隼，顾名思义，
是外观像燕子的隼。我没有见过它停歇时的样子，据说当它的
翅膀折合时，翅尖几乎到达尾羽的端部，看上去很像燕子。燕隼是浙江
的夏候鸟，而头顶的这一只，显然是迁徙路过福泉山的。

燕隼

在龙潭旁拍摄猛禽（王颖燕摄）

红隼吃昆虫

终于见到一只猛禽，而且还是以前没拍到过的鸟儿，因此分外高兴。随后，走到湖边的亭子休息，但仍不忘随时仰望天空。草地上，几只白鹡鸰——一种黑白两色的小鸟——在走来走去觅食，有时飞到离我很近的树枝上，一点都不怕人。

约一个小时后，草地上空又有飞鸟掠过，然后在空中悬停了一会儿。从翅膀的形状来看，又是一只隼！我赶紧将它抓拍了下来，原来那是一只红隼。放大照片仔细检视，好家伙，它的脚爪上还抓着一只类似蝗虫的绿色昆虫（头部已经被咬掉）。当时，它竟然直接在空中嚼着吃了，边吃还边盯着我。红隼是宁波比较常见的小型猛禽，属于留鸟，就是一年四季都在的"常住居民"。

期待更多发现

这次在福泉山山顶守候、拍摄猛禽，虽然只见到两种，但我并不灰心。毕竟，偶尔一次的观察记录说明不了多少问题。听茶室的工作人员说，平时，龙潭上空也不时能看到老鹰盘旋，只不过没能拍下来辨识罢了。我相信，在福泉山区域，一定能发现更多猛禽的踪迹。

多年来，我持续关注、拍摄宁波本地的野生鸟类，对东钱湖区域的猛禽记录也有所了解。如，作为本地的夏候鸟，赤腹鹰会在每年的春末夏初

赤腹鹰

来宁波筑巢繁殖，有鸟友曾在福泉山下的茶园拍到过它们。这种小型猛禽喜欢停歇在山谷地带的电线杆及树桩上，伺机捕食蛙类、蜥蜴、昆虫等。我也曾在东钱湖马山湿地，拍到过来宁波越冬的普通鵟（kuáng）。此外，作为本地留鸟，凤头鹰在东钱湖区域亦可见到。至于凤头蜂鹰，则通常于秋季鸟类迁徙期，会在天空匆匆掠过。而最激动人心的记录，则是有一年冬天，曾有鸟友在湖畔的山上拍到过一只林雕！林雕是宁波体形最大的猛禽，平时难得一见。此前，在离东钱湖比较近的天童国家森林公园，有比较稳定的林雕观察记录。此外，在前几

普通鵟

凤头鹰

林 雕

鹗

年的浙江水鸟冬季同步调查中,我们曾在环湖南路附近的湖面上,看到一只鹗停在远处的竹竿顶部。鹗是鱼鹰,以善于扑入水中捕鱼而著称。

我希望以后能有机会,花更多时间,对东钱湖区域的猛禽做比较深入的调查。毕竟,猛禽作为森林上空的王者,处在食物链的顶端,它们的数量多寡、生存状态如何,直接说明了一片森林的生物多样性指标是否良好。

19
古道听鸟语

领雀嘴鹎

晋代王献之曾说过一句很有名的话："从山阴道上行，山川自相映发，使人应接不暇。若秋冬之际，尤难为怀。"（见《世说新语·言语》）

是的，闲暇之日登古道，见"山川自相映发"，既可健身，更能愉悦心情，因此这种户外活动近年来很流行。不过我想，若在漫步之时，除了看风景，还能加入自然观察活动，细心感受身边的草木虫鸟之美，那么这一路的收获一定会更多了。

在东钱湖区域，最有名同时也是最美丽的两条古道，无疑是大嵩岭古道与亭溪岭古道。接下来，且让我们一起行走于最美古道，听间关鸟语，赏灵动飞羽。

日暖众鸟皆嘤鸣

出发观鸟之前，顺便说一下，北宋欧阳修曾写过一首名为《啼鸟》的

飞羽之约

165

七言古诗，诗中生动地描写了众鸟啼鸣的景象，还说他虽然听不懂鸟语之含义，但还是觉得很好听（"鸟言我岂解尔意，绵蛮但爱声可听"）。确实，普通人对鸟类不熟悉，但婉转动听的鸟鸣是人人爱听的。本文的小标题就全部借用自欧阳修的诗句。

那好，走古道，观鸟、听鸟鸣，什么时候最合适？我认为，就季节而言，以春秋冬为宜，尤以深秋至早春为最佳。因为，宁波夏季的鸟类种类明显少于冬季，而且天气炎热，鸟儿不大活跃，加之草木过于茂密，观鸟也颇为不易。而深秋至早春，山中木叶凋零，视野开阔，若得天气晴好，便是观鸟佳日。

那好，不妨选一个初冬的晴日，我们带着双筒望远镜，先来到东钱湖洋山村，走大嵩岭古道。溪流穿村而过，白鹡鸰在附近行走觅食，边走边摇动着尾巴，偶尔起飞，边飞边发出"机灵、机灵"的叫声。咦，溪畔还有一只体态与白鹡鸰很相似的鸟，只是腹部是黄色的，原来那是只灰鹡鸰。

沿着溪流，走过村庄，村后的树木上，又传来一阵"啾啾"的鸟叫声。

白鹡鸰

只见那是几只比麻雀大一点的鸟，背部是橄榄绿色，后脑勺有一撮明显的白毛。不消说，那是俗称"白头翁"的白头鹎，属于本地最常见的鸟之一。记得有一次雪后放晴，曾看到好多白头鹎在湖边啄食苦楝树的果子。冬天食物少，若能找到一棵挂满果子的树，往往就能等到鸟儿过来"聚餐"。这也是观鸟小窍门之一，即要学会找到鸟儿的临时"食堂"。

再往前走，有只几乎全绿的胖胖的鸟（只有头部为黑色，并杂有白纹）在树上唱歌："啾

白头鹎

领雀嘴鹎

绿翅短脚鹎

克……维！啾克……维！"那是领雀嘴鹎。用望远镜细看，发现它的嘴是象牙色的，比较粗厚，如鹦鹉嘴一般。走到山里，古道两旁的林中"啾啾、居居"之声不绝，一群鸟在枝丫间快速穿飞，偶尔停下来。举镜追寻，看清楚了，原来是鹎科鸟类的另外两位，有栗背短脚鹎，也有绿翅短脚鹎。

放缓脚步，听，灌木丛里谁在窃窃私语，发出"啧、啧"之声？耐心一点，等它跳出来。哦，看到了，是一只很像麻雀的鸟，它叫灰头鹀(wú)，是我们这里的常见冬候鸟。附近的灌木里，还有鸟在动，发出窸窸窣窣的声音，得用望远镜仔细找，原来还有黄喉鹀、白眉鹀，前者喉部为黄色，后者的眼睛上方有明显白纹，这分别是它们的特征。

　　走到半山腰，忽闻路边的灌木丛里传来一阵喧闹的鸟叫声，那又是什么鸟啊，这么开心地在一起玩耍？不要出声，站定了，仔细看，啊，有个好奇的圆滚滚的小家伙跳到身边来了。那是只褐色的小鸟，头部灰色，有明显的白眼眶，不消说，那便是灰眶雀鹛。这是宁波冬天山里比较常见的鸟，喜成群活动。

黄喉鹀

灰头鹀

白眉鹀

灰眶雀鹛

花开鸟语辄自醉

当寒冬渐渐远去，空气中洋溢着温暖的气息，阿拉伯婆婆纳、蒲公英等野花相继盛开。鸟儿的喉咙似乎也在微微发痒，随时都会唱上一曲。早春三月，且让我们重走大嵩岭古道，感受鸟儿带给我们的春之声。

刚离开燕语呢喃的洋山村，忽听向阳的山坡上传来独特的鸟鸣声：先是一阵持

强脚树莺鸣唱

续、悠长的上升音"weee"，接着声调突然急转直下，以干脆利落的爆破声"chiwiyou"结尾。稍停片刻，"weee, chiwiyou！"这歌声又反复响起。这是《中国鸟类野外手册》上

棕背伯劳

大山雀

对强脚树莺(不是墙角树莺!)的鸣声的描述,大家可以试着用英文发音读一读,真的很形象。

在秋冬时节,这比麻雀还小的小不点的叫声,主要是重复的单音节的"啧、啧"声。待到春风拂得游人醉,急于求爱的强脚树莺终于抛却了那单调的叫声,于密丛中站定一根小树枝,伸长脖子,发出了悠扬的鸣唱。

村外的田野上,一只棕背伯劳威风凛凛地站在一根突出的树枝上,俯视下方,边转动长长的尾巴,边发出"桀、桀"的具有威慑力的刺耳叫声,一副"我是老大我怕谁"的架势。忽然,这家伙竟然要起了"花腔",发出"居居、啾啾"的婉转之声,不知道的,还以为是别的什么鸣禽在歌唱呢。其实,聪明的棕背伯劳是挺会模仿其他鸟儿的叫声的。看来,沐浴在早春的阳光里,它的心情也不错。

走到山古道入口处的那个小山塘旁,水里有一群黑色的小蝌蚪在游动,那是中华蟾蜍的宝宝。塘边的小树上,有着明显的黑色胸带的大山雀,在放声高歌,音调急促多变,"歌词"有时是"急急嘿、急急嘿",有时却是持续的"别急、别急",十分有趣。

红嘴蓝鹊

黄雀

燕雀

173

　　对面的山坡上，檫木开出了满树亮黄的花，几只长尾巴的蓝色鸟儿在树丛间互相追逐，边飞边发出粗哑响亮的"喀、喀"声，跟喜鹊的叫声差不多。在望远镜里，可以看到鸟儿红色的嘴。原来那是一群红嘴蓝鹊，它们和喜鹊一样，同为鸦科鸟类。

　　而身边的树丛中，又是一片热闹的"居居、啾啾"之声，用肉眼看，只能见到几只很小的鸟在树冠上鸣唱。用望远镜仔细观察，才看清那是黄雀和燕雀，它们都是我们这里的冬候鸟，春天来了，就会起程迁徙，飞往北方的繁殖地。

⬚ 深处不见唯闻声

　　不过，并不是所有的鸟，都是可以循着鸣叫声而追寻到其身影的。上文提到的"早春歌唱家"强脚树莺，就是经常"只闻其声不见其鸟"的。因为，它不仅身体娇小、羽色朴素，而且经常躲在树丛中鸣唱（歌声倒是可以传很远），因此很难找到。每次，当我蹑手蹑脚、好不容易接近到它所在的那棵树时，那悠扬的歌声便突然消失了，而几分钟后，在几十米外的另外一棵树上，这淘气的小家伙的美妙歌声再度响起："你 …… 回去！我 …… 不回去！"（台湾观鸟人士对其歌声的模拟）这仿佛是在作弄我，令人哭笑不得。

　　当然，只要有足够的耐心，其实还是有机会看到强脚树莺的。但是，想要循声找到棕脸鹟（wēng）莺，那可就难上加难了。大家回忆一下，在

躲在灌木丛里的强脚树莺

棕脸鹟莺的鸣叫声很像"铃铃铃、铃铃铃"的电话铃声

行走山路时，是不是常会听到附近竹林里传来一阵轻柔、动听的"电话铃声"："铃铃铃、铃铃铃······"对，那便是害羞的棕脸鹟莺在竹林深处唱歌。

这是一种脸颊棕黄、背部黄绿的非常娇小美丽的鸟儿，虽然常见，但极少在人前露脸。春天，在大嵩岭古道、亭溪岭古道、官驿古道（位于下水村附近）旁的山脚，常能听到它那令人陶醉的鸣声。

跟棕脸鹟莺一样难以被观察到的鸟，还有啄木鸟。我曾多次在洋山村附近的山路旁听到不远处传来响亮的"笃、笃"声，那显然是啄木鸟在敲击着树干以觅食。可遗憾得很，我竟然没有一次成功接近，因此不知那是哪一种啄木鸟：大斑啄木

白额燕尾

灰喉山椒鸟（雌）

灰喉山椒鸟（雄）

鸟？斑姬啄木鸟？灰头绿啄木鸟？都有可能。

　　到城杨村，走亭溪岭古道，沿路那条清澈、欢腾的溪流让我特别喜欢。溪畔的树丛中，常会传来细微而悠长的鸟叫声："吱——吱——"一般的游客估计不大会注意到，就算听到了，说不定还会以为是虫吟。其实，那是白额燕尾的鸣叫声。这是一种黑白两色的鸟，因其额头白色、尾羽末端分叉似燕尾而得名。白额燕尾一生离不开溪流，尤其偏爱植被遮蔽较好的小溪。它常隐匿在溪畔的灌木丛中，在地面行走觅食，因此很难看到它。有时，它偶尔会出现在显眼处，但只要稍有风吹草动，就又"吱"的一声，急急飞走了。

　　当然，只要常去山里，老天有时候也会"奖赏"你，让你突然间看到好多种小鸟——观鸟爱好者将小鸟群集经过的状态称为"鸟浪"，即由各种鸟儿混群移动所形成的"波浪"。2018年12月19日，我刚到城杨村的亭溪岭古道入口处，就先听到一阵热闹的鸟叫声，显然是好多种鸟在叫。啊，太幸运了，原来是碰到了一波"鸟浪"！

　　尤其令人惊喜的是，这波"鸟浪"的主体竟然是本地比较罕见的灰喉山椒鸟！这可是一种非常靓丽的小鸟啊，雌鸟金黄，雄鸟赤红，在枯黄的植被上特别显眼。而且，一下子就见到十几只！特别是几只雌鸟，居然浑不怕人，就在离我三四米远的灌木丛里跳来跳去，把我激动得竟一下子

北红尾鸲

黄腹山雀

不知道拍哪只好。同时在附近出现的,还有北红尾鸲(qú)、领雀嘴鹎、红头长尾山雀、黄腹山雀等鸟儿。幸福来得太突然,我都顾不上拍它们了。

　　2019年3月,我到城杨村录鸟鸣时,听到路边小竹林中传来一阵细碎的鸟鸣声,顿时一阵激动,那一定是短尾鸦雀!赶紧举起望远镜一看,果然是它们,共有十几只,正在竹林里觅食呢!短尾鸦雀属于珍稀鸟类,说起来,在浙江,还是我第一个拍到这种鸟的——那是在2008年3月,地点是鄞江镇的四明山。短尾鸦雀于是成为当年的浙江鸟类新记录。而在东钱湖区域,我还是第一次见到它们,那种感觉,如同故友重逢,真的太好了。

红头长尾山雀

短尾鸦雀

虫影蛙鸣

CHONGYING WAMING

20
灌丛里的"挥刀者"

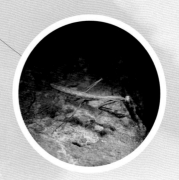

棕静螳

前面，我为大家介绍了东钱湖区域内的常见野花、野果与鸟类，接下来，就让我们一起去探索虫的世界。这里的"虫"，取的是比较广义的用法，既包含昆虫，也包括两栖爬行类的"爬虫"，如蛙类、蛇类、蜥蜴等。首先，来聊聊昆虫的故事，这个系列共分四部分，分别讲述螳螂、蝴蝶、蜻蜓、鸣虫。

春日迟迟，繁花似锦，蜂飞蝶舞不畏人；夏日炎炎，蝉鸣声声，蜻蜓款款点水飞；初秋微凉，虫声唧唧，螽斯振羽深草间。哪怕在深秋与初冬的暖阳下，仍有蝴蝶扑闪着美丽的翅膀，在零星的花朵间穿梭……无处不在的昆虫，可谓与我们最亲近的小动物，几乎每个人的童年里，都有关于昆虫的难忘记忆。

近几年，我行走在东钱湖的山水之间，也特意拍摄、记录了不少昆虫。因此，想在这里写出来，把这些可爱的小虫的样子与故事介绍给大家。不过，我得声明，我不是昆虫专家，甚至连资深爱好者都算不上，对这一领

中华大刀螳

中华大刀螳在交尾

域只是刚刚涉足,因此无论在学习、观察、拍摄等方面都难言深入,只能说点到即止。我想,我对于东钱湖的昆虫的粗略介绍,若能激发大家的一点兴趣,便于大家今后到东钱湖游玩时认出若干种,叫得出它们的名字,我就很高兴了。当然,若有幸能引发更多人去关注、观察、拍摄乃至研究昆虫,由此激起对大自然的热爱与保护之情,那就更好了。

　　言归正传,先说说螳螂,这种大名鼎鼎的昆虫在宁波分布的种类不多,比较容易见到的就三种:中华大刀螳、广斧螳和棕静螳。有趣的是,这三种螳螂,在东钱湖马山湿地都可以见到。这说明这片半人工半天然的湿地,还是蛮受螳螂青睐的。当然,宁波著名植物专家林海伦老师曾经在象山的深山里发现过两种在本地十分罕见的眼斑螳 —— 浓装眼斑螳和透翅眼斑螳,但均只有一次记录,属于可遇而不可求。但愿有一天在东钱湖的山野中也能找到珍稀螳螂的身影。

说起螳螂，成语"螳螂捕蝉，黄雀在后"可谓人人皆知。螳螂能够捕猎体形较大的蝉，这首先得归功于它们具有一对善于抓捕猎物的前足。这对前足被称为"捕捉足"，整体呈镰刀状，可以折叠，收放自如，上面还生了很多长短不一的具有倒钩的小刺。一旦有昆虫被这样的前足搂住，那就真的会成为难以逃脱的"致命拥抱"。

中华大刀螳是最容易见到的螳螂，也是本地体形最大的螳螂，体长通常超过10厘米，体色有绿色和褐色两种。在东钱湖的湖畔与山野，经常能发现它们的身影。不过，令我吃惊的是，在9月中旬夜探马山湿地的时候，我发现那时的中华大刀螳特别多，每个晚上都可以在那里看到10只以上，甚至还看到了一对正在交尾的中华大刀螳。而平时到那里夜探，通常最多能看到三四只。

广斧螳和棕静螳的体形比中华大刀螳都要小一号，体长以5—6厘米的为多见。不过，若论块头，广斧螳看上去就明显比棕静螳要大一点，这是因为前者比较"胖"，而后者显得比较修长。广斧螳，又叫广腹螳螂，也就是说它们的腹部比较宽大；体色通常为绿色，很少见到褐色型。广斧螳的双翅上有一对白斑，这也是它的一个明显特征，有利于我们在野外快速辨识。

广斧螳

被铁线虫感染后准备"投水"的广斧螳

2018年9月29日，受台风"潭美"的外围影响，东钱湖畔的风非常大。那天傍晚，在环湖东路的沿湖栈道上，我惊讶地看到一只广斧螳在栏杆顶部逆风而行，走得又快又稳。看到我过来拍照，它赶紧躲到侧面去。由此看来，螳螂的两对后足抓地力很强，居然不惧强风。10月1日，在洋山村附近的小溪中，我看到一只广斧螳在溪中的石头上徘徊，逐渐靠近水面。我知道，这是一只被铁线虫幼虫寄生了的可怜的螳螂，当铁线虫变为成虫后，会控制、驱使螳螂"投水自杀"。然后，成虫会从螳螂的腹部钻出来，进入水中生活。

相对而言，棕静螳比前面两种螳螂明显要少见。它的名字很好地体现了这种螳螂的特性。首先，它的体色为棕褐色（据说也有绿色型的，但很少见），同时还有不少黑斑——因此还得了个"棕污斑螳"的别称；其次，这是一种生性安静的螳螂，会很有耐心地长时间守候猎物，常在各种植物上捕食小型昆虫。我是在2018年7月29日夜探马山湿地时偶然发现一只棕静螳的,当时它正待在草边的一块石头上,不知道是不是在伺机捕猎路过的小虫。

最后,关于螳螂,不得不提的是 20 世纪 80 年代的动画片《黑猫警长》里关于"吃丈夫的螳螂"的故事。这个著名的故事是说,一对螳螂在婚礼结束后,新娘居然吃掉了新郎,而经过黑猫警长调查,警方宣布原来这

棕静螳

是螳螂的习性,是"为了繁殖下一代,新郎必须做出牺牲"。事实上,除非雌螳螂处在饥饿状态,一般来说是不会吃掉"新郎"的。有意思的是,在2018年9月16日的晚上,我带几户家庭夜探马山湿地时,在山脚边的草丛里,我们发现一只褐色的中华大刀螳的前足夹住了一只昆虫正在吃,那只昆虫的头部已经被啃食掉了,只剩下绿色的腹部。看到我们围观,这只中华大刀螳赶紧"抱"着猎物往草丛深处逃跑。

我初步判断,被捕食的要么是另外一只螳螂,要么是一种螽斯。我这么一说,大家都兴奋了起来,有人说:"哇,看来《黑猫警长》里的故事真的发生了!"事后,我把照片给熟悉昆虫的朋友看了。朋友说,被中华大刀螳捕食的确实也是一只螳螂,只不过不是"新郎",而是一只广斧螳。

21

神秘彩蝶翩翩飞

虎斑蝶

美丽的蝴蝶，扑闪着翅膀在花丛中穿梭，因此被称为"会飞的花朵"。相比种类较少的螳螂（指在宁波境内有分布的），蝴蝶的种类就多得多了。我市植物专家林海伦老师，同时也是"蝴蝶大王"，他研究本地蝴蝶30多年，截至2019年初，已经记录到在宁波有分布的蝴蝶共206种。当然，其中记录比较稳定、看到概率较高的有100多种，其他几十种蝴蝶属于本地罕见或珍稀蝴蝶，很难看到。我对蝴蝶了解不多，最近两三年在东钱湖区域拍摄到的蝴蝶有五六十种——这当然只是本区域的蝴蝶的一部分，或许仅为一半左右。

由于蝴蝶种类繁多，在这里不可能面面俱到介绍我所遇见的东钱湖的各类蝴蝶，只能挑选少数几种来讲一讲。先来说两种比较少见且又非常好看的蝴蝶，即虎斑蝶与异型紫斑蝶，它们分别为蛱蝶科的斑蝶属和紫斑蝶属。

2016年国庆长假期间，在下水湿地区域，波斯菊正在盛开。我和朋友李超原本到那里是想拍鸟，忽然发现各种蝴蝶在飞来飞去吸食花蜜。熟悉蝴蝶的李超忽然说："看！这里有好多虎斑蝶！这可是在宁波难得一见的蝴蝶啊！"我们都非常欣喜，赶紧端起镜头拍了起来。这种蝴蝶的翅膀上有大片的橘红色，同时具有明显的黑色脉纹，这种色彩与斑纹和老虎身

虎斑蝶（手绘）

上的花纹略似，故名虎斑蝶。虎斑蝶的雄蝶和雌蝶外观非常相似，不仔细看的话几乎难以分辨。我也是后来看了专业书籍才知道，分辨虎斑蝶雌雄的诀窍在于：雄蝶后翅的腹面中间偏下的位置，有块像黑色小耳朵的斑纹——专业的说法叫作"性标"，而雌蝶没有。

异型紫斑蝶

青凤蝶

柑橘凤蝶

斐豹蛱蝶（雌）

美眼蛱蝶

虎斑蝶在华南多见，而在宁波很少见。有人认为，它们是从南方迁徙过来的，于夏秋季节抵达宁波地区进行繁殖。不过，得提醒大家的是，别看虎斑蝶长得漂亮，其实这是一种有毒的蝴蝶。虎斑蝶的幼虫喜欢啃食有毒植物，因此毒素会积聚在蝴蝶体内。它们身上鲜艳的颜色和显著的黑、白斑纹，其实是一种警告色，用来告知天敌：有毒，别吃！

巧的是，另一种本地罕见蝴蝶——异型紫斑蝶——也是在同一个季节、在邻近的区域发现的。2018年的国庆节当天，我到下水湿地斜对面的官驿古道考察，在拍摄野花、野果的同时，忽然看到两三米外有一只蝴蝶扑闪着暗

碧凤蝶

黄钩蛱蝶

蓝的翅膀，停在了盛开的白花败酱的花朵上。我从未见过这样的蝴蝶，它翅膀上的蓝色让人感觉非常神秘，简直如梦如幻。直觉告诉我，这是"好东西"！于是赶紧端起相机跟踪拍摄，无奈蝴蝶所在的位置草丛很密，对焦困难，勉强拍了两三张，等我想换个位置再拍时，它却不见了踪影，怎么也找不到了。我心里颇为懊恼，但也没有办法。

后来，我把照片发给熟悉蝴蝶的余姚凤山小学的胡金波老师，请他帮我认认这是什么蝴蝶。胡老师看到我的照片后，第一反应是有点吃惊，他问我："这种蝴蝶的照片确实是在宁波拍的吗？"我说："是啊，就是不久前在东钱湖拍到的。"尽管照片拍得不大好，蝴蝶翅膀的细节不是很清楚，但胡老师还是马上认出，它要么是异型紫斑蝶，要么就是蓝点紫斑蝶。不管哪一种，都属于宁波非常罕见的蝴蝶。经仔细分辨，胡老师最后确认：这是一只异型紫斑蝶。这是一种观赏价值很高的美丽蝴蝶。

我上网检索了一下，才知道异型紫斑蝶竟然还是前几年才被发现的属于宁波新分布记录的蝴蝶！而发现者正是林海伦。2014年6月的一天，林老师在东钱湖附近的山坡上，看到了一只他此前从未见过的蝴蝶停在一株泽兰的花上。事后，他确认，

小环蛱蝶

柳紫闪蛱蝶

苎麻珍蝶

稻眉眼蝶

这是一只异型紫斑蝶，在宁波还是首次发现。这令他欣喜不已。

检索到这个结果后，我马上打电话给林老师，问他后来是否再次见到过异型紫斑蝶，他说没有。由此看来，异型紫斑蝶在宁波的分布确实很少，因此记录非常有限。

跟虎斑蝶一样，异型紫斑蝶也是有毒蝴蝶。这一蝶种在广东等华南地区多见，其飞行能力很强，有迁飞的习性。因此，在宁波出现的异型紫斑蝶，跟上文说的虎斑蝶一样，很可能也是从南方迁徙过来的。

上面重点介绍了两种斑蝶，它们都是罕见、美丽而有毒的蝴蝶。下面再介绍一种常见、无毒而特别美丽的蝴蝶，那就是碧凤蝶。碧凤蝶是国内广布的常见大型凤蝶，翅展最长可达13厘米左右。碧凤蝶远看为黑色，但细看会发现它的翅上具有无数细小的鳞片，在阳光下，这些鳞片会呈现具有金属质感的蓝色、绿色等色彩，犹如夜空中闪烁的满天繁星，深邃而神秘。另外，其后翅的边

缘还有多个明显的红色斑，而尾突也布有蓝色、绿色的点点亮鳞。

　　每次，看到碧凤蝶在湖畔的花丛中翩然飞舞，真觉得它比花儿还美。夏天的时候，行走在大嵩岭古道，常能见到几只美丽的碧凤蝶，正停栖在湿漉漉的溪畔的路面或山脚的岩壁上，贪婪地吸食着富含矿物质的水分。这是蝴蝶的常见习性，它们有时甚至会停在被汗水湿透的衣服上，以吸食那咸咸的水分。看来，蝴蝶喝水也很注重"解口渴更要解体渴"啊。

　　除了碧凤蝶，在东钱湖区域常能见到的凤蝶还有青凤蝶、玉带凤蝶、柑橘凤蝶、麝凤蝶等。其他常见蝴蝶还有：斐豹蛱蝶、美眼蛱蝶、黑脉蛱蝶、琉璃蛱蝶、黄钩蛱蝶、小环蛱蝶、柳紫闪蛱蝶、青豹蛱蝶、苎麻珍蝶、白斑眼蝶、布莱荫眼蝶、稻眉眼蝶、密纹矍眼蝶、宽边黄粉蝶、斑缘豆粉蝶、菜粉蝶、酢浆灰蝶、银线灰蝶、点玄灰蝶、亮灰蝶、蓝灰蝶、蚜灰蝶、百娆灰蝶、曲纹黄室弄蝶、直纹稻弄蝶等。种类实在太多，限于篇幅，这里就不一一介绍了。

宽边黄粉蝶

斑缘豆粉蝶

菜粉蝶

酢浆灰蝶

蚜灰蝶

曲纹黄室弄蝶

22
山水佳处蜻蜓多

透顶单脉色蟌（雌）

介绍东钱湖的蜻蜓之前，先来看一些跟蜻蜓有关的古诗：

穿花蛱蝶深深见，点水蜻蜓款款飞。（唐杜甫《曲江二首》之二）

野池水满连秋堤，菱花结实蒲叶齐。川口雨晴风复止，蜻蜓上下鱼东
西。（唐王建《野池》）

泉眼无声惜细流，树阴照水爱晴柔。小荷才露尖尖角，早有蜻蜓立上
头。（宋杨万里《小池》）

深院无人锁曲池，莓苔绕岸雨生衣。绿萍合处蜻蜓立，红蓼开时蛱蝶
飞。（宋欧阳修《小池》）

不知大家注意到没有，这些描写蜻蜓的诗句无一例外都提到了水。
确实，蜻蜓的一生都跟水有着密切的关系：它们的稚虫是水栖性昆虫，在
水中觅食、长大，直到爬上岸羽化为成虫；而作为成虫的蜻蜓，也依旧在

离水源不远的地方生活。可以说，蜻蜓的生存、繁衍离不开洁净的湿地环境。而东钱湖既有广阔湖面、安静小池，也有潺潺溪流，依山傍湖，正是各类蜻蜓最喜欢的环境。

黄蜻

得说明一下，以上所说的"蜻蜓"，是在广义的层面上使用的一个名词，指的是蜻蜓目所包括的昆虫。如果从狭义上来说，我们又可以把蜻蜓目的昆虫分为蜻蜓与豆娘两大类——这种分法比较符合口语的习惯。那么，又该如何区分蜻蜓与豆娘呢？有人早就总结过，可以从以下四方面来判断。首先，可以看眼睛：蜻蜓的复眼挨得很近；而豆娘两眼间有明显的距离，形同哑铃。其次，看腹部：蜻蜓的腹部形状通常较为扁平，也较粗；而豆娘的腹部形状呈纤细的圆棍状。再次，看翅膀的形状：蜻蜓的前后翅形状大小不同，有的差异甚大；而豆娘的前后翅形状大小近似。最后，看停歇时的状态：蜻蜓在停栖时，会将翅膀平展在身体的两侧；而豆娘在停栖时，通常会将翅膀合起来直立于背上。不过这也不能一概而论，有的大型豆娘，如赤基色螅、透顶单脉色螅等，它们有时仍会在停歇时将翅膀平展，如同蜻蜓一样。

宁波的蜻蜓到底有多少种？目前还没有人专门研究过，所以大家心中都没有数。我自己大致做了一个统计，近几年（主要是2018年），我在东钱湖区域拍到的蜻蜓目昆虫有二十多种。今后如果有机会对本区域的蜻蜓进行专项调查与拍摄的话，相信所能记录到的种类一定还会增加不少。以下，先介绍部分我在东钱湖一带拍到的蜻蜓（指狭义的蜻蜓概念）与豆娘。

东钱湖的常见蜻蜓，有黄蜻、红蜻、黄翅蜻、玉带蜻、竖眉赤蜻、狭腹灰蜻、大团扇春蜓、小团扇春蜓、碧伟蜓等。

黄蜻，几乎是随处可见的小型蜻蜓，雌雄色彩斑纹差异不大。其腹长

3厘米左右，具有酒红色的漂亮复眼，身体以黄色为主，腹部具黑色斑纹，翅端还有红褐色的翅痣。据国内知名的昆虫专家严莹（网名"三蝶纪"）介绍，蜻蜓翅膀前缘的上方有一块深色的角质加厚部分，叫作翅痣，它可以让蜻蜓在快速飞行时稳定翅膀，使其不因剧烈振动而断裂。飞机机翼末端前缘有加厚区，就是仿照了蜻蜓翅痣的结构。

在夏日的湖畔，有时能见到成群飞舞的黄蜻，它们边飞边捕捉蚊子之类的小昆虫。我曾经抓拍到在空中悬停的黄蜻，发现它的双脚当时也像飞机起落架一样收拢。当夜幕降临，在马山湿地、环湖东路沿线的灌木丛中，也常能见到挂在小树枝上休息的黄蜻。

红蜻的大小跟黄蜻差不多，其雄虫胸腹部均为红色，腹部背面中央有一条细细的黑线；雌虫为黄褐色或褐色。湖边及附近的池塘周边都容易见到。

红蜻（雄）

玉带蜻（雄）

狭腹灰蜻

玉带蜻，在湖畔湿地环境中也很多，为深褐色或黑色的中等大小的蜻蜓。这种蜻蜓特征明显，很容易识别：雄虫的腹部第三、四节为显著的白色，而雌虫的相同部位偏黄色——这就是其名字中"玉带"的出处。

狭腹灰蜻，在东钱湖的湖边及附近山野的溪沟边时常可以看到。这也是一种中等大小的蜻蜓，雌雄的外观相差不大。这种蜻蜓看上去具有明显的"纤纤细腰"，故名"狭腹"。

相对而言，竖眉赤蜻可以在离水源较远的山林中被发现。这是一种小型蜻蜓，雄虫头部黄色，有两个明显的黑色圆形眉斑，腹部主要为红色，而雌虫的腹部为黄色。在南宋石刻公园内的树林边缘，我曾拍到过一只雌性的竖眉赤蜻，它并不怎么怕人，停在树枝上随便我拍，就算偶尔飞走，也会马上飞回来停在老地方。它有时会停在那里摇晃头部，结果，我从正面角度拍下来的照片上，它像是在眉开眼笑，十分有趣。

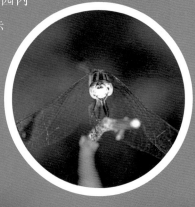

竖眉赤蜻（雄）

碧伟蜓

大团扇春蜓与碧伟蜓，都是湖边可以看到的比较大型的蜻蜓。大团扇春蜓的腹长为 6 厘米左右，雌雄外观差异不大，其胸部为黄绿色，有黑条斑，黑色的腹部分布着黄色斑，尾端有一对扇片状的突起，内侧为黄色。碧伟蜓，黄绿色胸部略具黑点，翅膀透明，翅痣黄色，腹部背面为红褐色；其腹部的第一、二节明显膨大，乍一看跟胸部区分不明显。碧伟蜓的雌虫不如雄虫色彩鲜艳。

黑丽翅蜻，东钱湖比较少见，也是最美丽、最独特的蜻蜓，其后翅特别宽大，因此飞起来更像是蝴蝶而不是蜻蜓。粗粗一看，它

透顶单脉色蟌（雄）

黑丽翅蜻

是一种黑色的蜻蜓,但在阳光或特定的角度下,可以看到翅膀上具有七彩的绚丽的金属光泽。我只在环湖南路的湖畔见到过一次这种蜻蜓。

说完了蜻蜓,再来介绍几种豆娘。豆娘,即螅(cōng),多数种类的身体比较娇小。不过,在湖畔,尤其是附近的山区溪流中,也常能见到一种大型豆娘,即透顶单脉色螅。其雄虫的身体为绿色,并具有强烈的金属光泽。翅膀基部的区域为蓝色,而其余部分主要为黑色。雌虫总体上看起来为褐色,具白色翅痣。2018

翠胸黄螅交尾

叶足扇螅

年 9 月初，在洋山村附近的一段溪流中，我见到了二十多只透顶单脉色
螅，它们互相追逐，估计既有雄雌求偶，也有雄虫驱逐其他雄虫的现象。

2018 年 5 月中旬，在南宋石刻公园的小池塘内，我见到好多色彩艳
丽的小型豆娘在飞舞，有的停歇在草叶上交尾。它们交尾时，会呈现美丽
的心形。后来请教了国内熟悉蜻蜓的老师，了解到那天拍到的豆娘主要
有两种，分别是翠胸黄螅与短尾黄螅。

夏天夜探马山湿地时，又看到不少在草叶间休息的小型豆娘，有叶足
扇螅、东亚异痣螅、长尾黄螅等种类。深夜的露水润湿了它们的身体，在
利用微距镜头拍摄时，可以看到豆娘的眼睛晶莹剔透，比宝石还美。

蜻蜓与豆娘，通常喜欢栖息于植物水草丰茂的湖泊、池塘、溪流等环
境优良的湿地。看来，它们都把美丽的东钱湖当成家了。

东亚异痣螅

长尾黄螅

23

草木之间的"音乐家"

螽斯

七月盛夏，蝉鸣声声。我自幼在江南的乡村长大，听惯了蝉声，如今在城市里工作与生活，每闻夏日蝉鸣，尽管没有小时候那么热闹，但也觉得很亲切。

到了晚上，蝉鸣渐歇。尽管辛弃疾有"明月别枝惊鹊，清风半夜鸣蝉"之句，但那毕竟是偶尔几声。夏末秋初，郊野的草丛中，还有不少昆虫正在振翅而鸣，发出甜美的歌声，那便是螽（zhōng）斯或纺织娘。

蝉与螽斯，均以善鸣著称，乃是栖息于草木之间的当之无愧的"音乐家"。先来说说蝉的故事。在东钱湖区域，常见的蝉主要有四种：黑蚱蝉、蒙古寒蝉、松寒蝉、蟪蛄。

湖畔数量最多、叫得最响同时也是个子最大的蝉，无疑是黑蚱蝉。其体长可达4—5厘米，体色几乎全黑，而仔细看的话，会发现其背部有金色细毛。黑蚱蝉的叫声很单调，在我老家浙江海宁，它的俗名就叫"老前"，这里的"前"是象声词，意思就是说它只会无休无止地"前前"叫。黑蚱蝉最喜欢"大合唱"，有时一棵树上就有好多只一起唱，气势虽然不大，但也真的嫌它们太吵了一点。

蒙古寒蝉体长 3 厘米左右，背部以绿色为主，杂以黑斑。其鸣叫声比黑蚱蝉好听很多，近似"伏天儿、伏天儿"，而且音调多变，时高时低，时急时缓。蒙古寒蝉的鸣唱期很长，在浙江，可以从 6 月持续到 10 月初。北宋词人柳永说"寒蝉凄切，对长亭晚，骤雨初歇"，估计说的就是蒙古寒蝉吧。

松寒蝉体长约 3 厘米，头部和胸部有黑色、褐色相间的斑纹，腹部黑色。印象中，松寒蝉的鸣声出现得比较晚，通常我是在 8 月前后开始听到，但结束得也晚——在 10 月下旬，连蒙古寒蝉都已销声匿迹的时候，还有好多松寒蝉在不知疲倦地歌唱。其鸣声也很多变，我听到最多的一种是："堪萨斯，堪萨斯……"很有异国情调，蛮有趣的。在宁波市区，我没有听到过松寒蝉的鸣声，而在东钱湖的山里以及靠近山脚的湖畔，常能听到。

蟪蛄则是这四种常见蝉中最小的，体长才 2 厘米多一点，翅膀多斑纹。其雄蝉常发出"滋、滋……"的鸣声，音量也比前面三种蝉轻很多。

当天色黑了下来，"万树暮蝉鸣"也终于逐渐消歇

黑蚱蝉脱壳

黑蚱蝉

蒙古寒蝉

松寒蝉

刚完成脱壳的蟪蛄

中华螽斯

了。不过，草丛里却传来了"吱吱、唧唧"的鸣声，这不，夏夜鸣虫的音乐
会开场了。这些"草丛演奏家"中最著名的，当属螽斯。

"五月斯螽动股，六月莎鸡振羽，……十月蟋蟀入我床下。"(《诗
经·豳风·七月》)这里的"斯螽"就是指螽斯，而"莎鸡"就是指纺织娘。
古人认为，螽斯以两股相切发声，故说"动股"。实际上，螽斯发出鸣声，不
是因为两腿摩擦，而是靠雄虫的一对覆翅相互摩擦而发声的，不同种类的
螽斯发声频率不一样，故鸣声也不一样，但通常都很有金属质感。纺织娘
的雄虫的鸣声比较单调，是一种持续的类似于"织、织、织……"的声音，
据说跟当年织布机发出的声音有点类似。

我个人觉得，要欣赏东钱湖的"夏夜鸣虫音乐会"，去马山湿地是最好
的选择。多次夜探所见表明，夏夜的马山湿地非常"热闹"，各种螽斯、纺
织娘都有。不过，大家去夜探的话，一定要注意仔细寻找，因为这些鸣虫
伪装得非常好，跟它们身边的植物几乎完全融为一体。因此，很多时候，

纺织娘（褐色型）

纺织娘（绿色型）

拉布甲

离斑虎甲

我们都只闻其声，难觅其影。

上面简单介绍了我在东钱湖区域见到过的几大类昆虫，但限于篇幅，还是有很多种类的昆虫没有专门介绍——因为昆虫的种类实在太多了。比如说步甲科的几种很漂亮的甲虫，拉布甲、中华虎甲（又叫"中国虎甲"）、离斑虎甲等。其中，拉布甲还是国家二级重点保护野生动物，我于2018年3月31日在官驿古道上见到过一只紫色的拉布甲。不同地域的拉布甲体色差异较大，有多种色型。听熟悉昆虫的朋友说，浙江省内很多地方的拉布甲体色为带有金属光泽的绿色，而宁波地区所见的拉布甲多数为紫色，故简称"紫拉"。

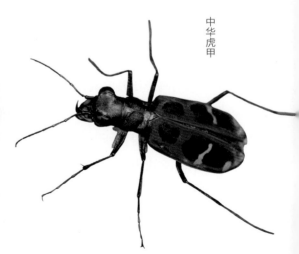
中华虎甲

樗蚕

中华虎甲，成虫体长 2 厘米左右，全身色彩鲜艳，有绿、红、蓝、白等，且均具有强烈的金属光泽（在阳光下尤其明显）。春夏时节，我曾多次在溪边的大嵩岭古道、亭溪岭古道上见到它们。每次遇见中华虎甲，它都轻盈地在我眼前从地面飞起，稍后又降落于前方。因为有这样的习性，所以它得了个"引路虫"的俗名。其实，中华虎甲在路上活动，是为了捕食小昆虫，乃是名副其实的微型"拦路虎"。在福泉山中，我还见到过外形、习性都跟中华虎甲很相似的离斑虎甲。

此外，我还没有介绍各种蛾、蝽、虻、蛉、蟋蟀、蝗虫等门类的昆虫。对于这些虫子，我虽然也拍过一些 —— 大如小鸟的属于天蚕蛾科的樗（chū）蚕、艳丽而硕大的硕蝽、正在捕食的虻、乍一看像蜻蜓的蝶角蛉、体形巨大的棉蝗等 —— 但毕竟只是简单记录而已，谈不上深入的了解，因此在这里只能一笔带过。

昆虫种类及数量的多少，是衡量一个区域生物多样性是否丰富的重要指标之一。显然，得益于湖山相依的优良

硕蝽

捕食的虻

蝶角蛉

棉蝗

鬼脸天蛾

自然环境，东钱湖区域的昆虫资源是相当丰富的。希望在今后本区域的
保护与建设过程中，能继续做好原生态保育工作，留住天然的丰茂植被，
为各种昆虫、鸟类、两栖爬行动物等各类生物保留一个安稳的家园。最终，
这也是为我们自己营造一个美丽的生态家园。

24
湿地听蛙鸣

福建大头蛙

清晰地记得，2018 年的第一声蛙鸣，我是在东钱湖畔听到的。那天是 3 月 25 日，在马山湿地。印象中，在四明山里最早听到蛙鸣，是有一年的 2 月底，气温回升较快，于是武夷湍蛙的雄蛙率先在溪流中歌唱了。而在平原地区，通常要到 4 月才会听到明显的蛙鸣。

东钱湖的湖畔多浅水湿地，山区多溪流，水环境条件优良，为众多两栖物种提供了良好的栖息环境。这里就和大家聊聊东钱湖两栖动物的故事，其中包括大名鼎鼎的稀有物种镇海棘螈。

🎙 蛙蛙求婚奏鸣曲

2018 年 3 月 25 日上午，晴，气温宜人。我到马山湿地拍摄鸟类与野花。尽管还是早春，但春天的气息已经不可阻挡地通过各种方式传递出来了：山脚，蔷薇科的山莓的小小花朵早已大量开放，甚至，同为蔷薇科的金樱子也已经开花了 —— 虽然我只见到一朵,它那么硕大而洁白,让人老远就能注意到。作为本地的冬候鸟,白腹鸫(dōng)与灰头鸫都还没有迁往北方的繁殖地。前者在草地上觅食,应该是在为北迁的长途旅行储备能量吧;后者在树上发出了婉转的鸣声,显然,煦暖的春风已开始撩拨这只雄鸟的喉咙。

忽然,我听到从一百多米外的湖边传来了一片响亮的"阁阁"声,咦,这么早就有蛙鸣了?我有点吃惊。快步过去一看,起初并没发现一只蛙。一走到水边,"阁阁"声顿时变得稀少了,估计青蛙们有所警觉了。于是,我干脆在石头上坐了下来,过了一会儿,蛙鸣声又四起了,除了"阁阁"声,水草中还传来了轻轻的"叽啾、叽啾"之声。这些都是雄蛙们的求偶叫声,可谓湿地里的求婚奏鸣曲。

仔细一找,才看到在水下的枯黄的植物丛中,这里那里,有好几只青蛙隐伏,只露出一个脑袋。拍下照片仔细一看,果然,跟叫声所指示的那样,它们中既有金线侧褶蛙(雄蛙叫声为轻轻的"叽啾"声),也有黑斑侧褶蛙(雄蛙叫声为响亮的"阁阁"声)。这是两种长得比较相似的蛙,体色以绿色为主,背部的两侧各有一条明显隆起的侧褶。相对而言,金线侧褶蛙背部侧褶的一部分特别宽厚,通常呈金黄色;黑斑侧褶蛙的背侧褶没有前者宽厚,而且整条褶的宽窄程度差不多。

水草之上,不时有雄蛙跃起,扑向附近的雌蛙,企图抱对繁殖 —— 蛙类是通过雌雄抱对、体外受精的方式来繁衍后代的。有趣的是,有时一只雄蛙刚刚抱住一只雌蛙,旁边会突然杀出个"程咬金",另一只"埋伏"在旁的雄蛙也会跳将过来,一番"拳打脚踢",力图把前面那只雄蛙赶走,"独抱美人归"。

这两种侧褶蛙是东钱湖数量最多的蛙,以我经常观察的地点而言,无论在环湖东路还是在环湖南路,在湖边只要有水草的地方几乎都能找到它们。不过,看多了,我有时反而会犯迷糊:眼前这只蛙,到底是金线侧褶蛙还是黑斑侧褶蛙?有的蛙,看背侧褶特征,很像金线侧褶蛙,可它

金线侧褶蛙

的背上密布黑斑，又很像黑斑侧褶蛙。后来，一次偶然的机会，我听朋友王聿凡（网名"锤锤"，我们都叫他"锤男神"，他是浙江省调查、研究两栖爬行动物的专家）说起，他在某地调查时，发现那里的金线侧褶蛙与黑斑侧褶蛙存在杂交现象。这顿时启发了我，我想，东钱湖的这两种蛙也很可能存在杂交行为。

黑斑侧褶蛙

一只兼具金线侧褶蛙与黑斑侧褶蛙特征的蛙

❽ 春末群蛙大合唱

"黄梅时节家家雨,青草池塘处处蛙。"(宋赵师秀《约客》)这两句著名的诗,形象地写出了江南梅雨季节群蛙乱鸣的景象。确实,春末夏初的时候,是众多蛙类繁殖求偶的高峰期。

2018年5月19日晚上,周六,我和女儿航航一起,到东钱湖一带录蛙鸣。我们先到了环湖东路纪家庄酒店附近的湖边。那里有池塘,以及一条不足百米的小河浜。小河浜的两侧树木婆娑,还有小块的农用地,很有田园气息。白天,那地方是观察常见鸟类的好去处,可以看到不少喜欢生活在湿地环境里的鸟类,如各种鹭,以及黑水鸡、白胸苦恶鸟、小鸊鷉、翠鸟、白鹡鸰等。而到了春夏时节的晚上,那里却别有一番热闹气氛。那天晚上,我们一走到小河浜旁边,就听到那里传来多种蛙的叫声。

泽陆蛙

我对航航轻声说，
接下来我们都尽量不要
说话，你听听这里有几种
蛙在叫。航航侧耳倾听了
一会儿，说，恐怕有三四种
吧！我说，是的。叫声响亮，
近似"阁阁""呱呱"的，是黑
斑侧褶蛙与泽陆蛙；声音较
轻，如小鸡"叽啾"叫的，是金
线侧褶蛙；"啪哒、啪哒"如轻
轻的鼓掌声的，是斑腿泛树蛙。

斑腿泛树蛙

不过，由于这里的植被很茂密，除了见到俗称"蛤蟆"的泽
陆蛙在泥地上跳跃外，其余的蛙竟然都是只闻其声而不见其影。

后来又听到这里还有一种蛙在叫，也很响亮，但只是偶尔发出几声。
我听清楚了，那是中国雨蛙的叫声。那天不曾下过雨，若是雨后，这地方
想必会有中国雨蛙的大合唱吧。所谓"雨蛙"，就是喜欢在春末的大雨之
后出来鸣叫、求偶的蛙，这种碧绿的小蛙在东钱湖区域有很多，但平时不
大容易发现它们。

后来，我们又到绿野村、洋山村附近的农田、溪流去寻找蛙类。车子
缓缓行驶在乡村公路上，车窗全开着，微凉的风吹在我们脸上，同时捎来
了来自附近水田的阵阵蛙鸣。下车，走近一听，蛙的合唱更热闹了，有姬
蛙（分不清是饰纹姬蛙还是小弧斑姬蛙，或许两者都有）的叫声，也有泽
陆蛙的叫声，甚至也有斑腿泛树蛙的叫声。

中国雨蛙

饰纹姬蛙躲在泥窝里鸣叫

天目臭蛙（雌）

到了洋山村，就在穿村而过的溪流旁听到了天目臭蛙雄蛙的叫声：唧唧、唧唧。不知道的，或许还会以为那是小鸟在叫呢。走下去一看，马上看到几只天目臭蛙跳开了，有的直接利用脚上的吸盘吸附在溪流旁的石壁上。天目臭蛙是宁波最常见的臭蛙，也很好认，其绿色的背部上面有很多棕褐色的斑点。它们几乎在任何一条山区溪流中都可以被找到。这种蛙的雌雄大小差异很大，看上去体形瘦小的是雄蛙，"胖胖的"、明显大一圈的是雌蛙。

除了上述蛙类，在东钱湖一带，还能看到中华蟾蜍、阔褶水蛙、镇海林蛙、福建大头蛙等两栖动物。其中，福建大头蛙在本地的数量比较少，难得一见。2019 年 5 月，我在城杨村的亭溪岭古道旁拍到过一只福建大头蛙。

天目臭蛙抱对（上雄下雌）

福建大头蛙

🔋 国宝级的镇海棘螈

说起在东钱湖有分布的两栖物种，最珍稀的，毫无疑问是镇海棘螈。虽然它们不会鸣叫，但还是不能不提。镇海棘螈是名副其实的活化石，距今已有约1500万年历史。它们喜欢生活在森林植被茂盛、人类活动少、枯枝落叶较多、阴暗潮湿的地区，白天很少活动，晚上出来觅食。该物种最早是由张孟闻先生于1932年在镇海县城湾村发现，当时命名为镇海疣螈，唯一的模式标本因日军侵华而遗失。1978年，蔡春抹先生在宁波市镇海县瑞岩寺（现属北仑区）附近再次发现。次年，专家们又采到标本，并将其定名为镇海棘螈。目前它被列为国家二级保护动物。

镇海棘螈的珍贵性还体现在：一，这个物种是宁波独有的，即全球范围内只在宁波有分布；二，种群数量极少，比大熊猫还稀有，被列为极度濒危物种；三，其分布区域极为狭窄，起初认为只在北仑林场及附近的山里有分布，而近年来，随着专业调查的深入以及民间人士的偶然发现，镇海棘螈的分布点比以往所了解的有所增加，但仍然极少，而且主要分布在很小的一个范围内。我记得，在2010年前后，在东钱湖区域内一个山村

（为了保护这种极度濒危的野生动物，这里不透露具体村庄名字）附近的山里，有人无意间发现了镇海棘螈。此消息披露后，很快引起了林业部门及学术界的高度重视，大家都非常高兴。毕竟，镇海棘螈对环境质量要求很高，再加上行动迟缓，迁移能力很弱，对所在环境依赖性很强。因此，能多发现一个新的分布点，对于这个脆弱物种的保护来说，意义之重大，可谓不言而喻。

没想到，在2016年，东钱湖附近山里的这个镇海棘螈栖息、繁殖地，突然被来自外地的个别用心不良的人盯上了。那年国庆假期，我接到关心镇海棘螈的朋友的报料，称有人打着"公益"与"保护珍稀镇海棘螈"的旗号，利用网络筹钱（实则是中饱私囊）。更恶劣的是，他们还把相关标识牌插到了东钱湖镇海棘螈繁殖点的周边，简直是唯恐别人不知这里有国宝级的野生动物具体分布点。闻讯后，我马上将此情况反映给了宁波市森林公安局。此事引起了森林公安部门及东钱湖有关部门的重视，次日，有关负责人就来到现场查看，进行调查处理。这个宝贵的镇海棘螈繁殖点终于被完好地保留了下来。2018年，我多次到那个繁殖点附近考察生态，发现那里植被非常茂密，一般人想走都走不进去，感到非常欣慰。

镇海棘螈

25

山中闪蛇影

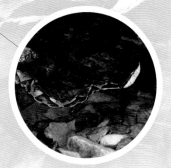

尖吻蝮

东钱湖是著名的风景旅游度假区,那么我该不该写写这个区域中分布的蛇类呢?如果提到各种毒蛇,会不会吓着大家呢?我一度有点犹疑。

但仔细一想,也就释然了,理由如下:一,蛇是生态链中的重要一环,不能在一个区域的"自然笔记"中将它们有意忽略;二,在野外遇到蛇的机会非常少,近年来,我到东钱湖进行野生动植物摄影不下百次,但遇到蛇的次数可谓屈指可数(多数情况下,只是见到蛇一闪而过),可见普通游客见到蛇的概率就更低了;三,人怕蛇,蛇更怕人,只要没有近距离威胁到蛇,在我们这里没有蛇会主动攻击人。所以,我们完全没有必要害怕蛇。

台湾自然文学作家刘克襄针对社区里出现蛇,引起居民恐慌的现象,曾专门写过一篇文章,其标题为《遇到蛇是一种幸福》。文中说,蛇在社区附近出现,表示住家附近的小山拥有丰富的森林资源,自然环境良好,看到蛇,"该高兴都来不及呢!"

大致进行了一下统计,近几年,在东钱湖区域,我自己遇到的蛇,加上我的喜欢自然摄影的朋友所遇到的,共有以下 12 种:银环蛇、原矛头蝮、福建竹叶青蛇、尖吻蝮(即五步蛇)、短尾蝮、舟山眼镜蛇、虎斑颈槽蛇、乌梢蛇、黑头剑蛇、绞花林蛇、赤链蛇、翠青蛇。前 6 种是毒蛇,后 6 种是无毒蛇或"非传统意义上的毒蛇"。当然,实际上在东钱湖一带有分布的蛇,肯定远不止这 12 种。下面就择要和大家聊聊在东钱湖山野中见过的蛇。

⟨⟩ 夜探惊遇银环蛇

先来说银环蛇。若论单位剂量的毒液之毒性,银环蛇乃是中国陆地上毒性排名第一的剧毒蛇,跟五步蛇等著名的毒蛇一样,令人闻风丧胆。事实上,它那一节一节黑白分明的身体,正是一种警告,即告诫敌人:我有剧毒,不好惹,请远离!

不过说来有趣,对于我来说,在东钱湖畔遇到银环蛇,纯属意外中的意外。2018 年夏天,我曾多次带队到马山湿地进行亲子夜探自然活动。9 月 15 日,又一次夜探即将开始。活动前,我在微信群里提醒家长们做好安全预防工作,要求不管大人小孩,每个人都要穿高帮雨靴 —— 至少要穿高帮的登山鞋之类。我说,这主要是为了防蛇。当时,有位妈妈问我:马山湿地真的会有蛇吗?我说:不管白天和晚上,我到马山湿地已不下二十次,到目前为止尚未见到过一条蛇,但凡事都不可大意,以防万一。

当时,我在心里确实认为当天晚上在马山湿地遇到蛇的概率几乎为零。然而,神奇的事情还是发生了。当时,我们十几个人走在马山湿地山脚的石头路面上,边走边观察路边草丛中的纺织娘、螳螂等昆虫。我提醒大家,尽量走在人工铺装的路面上,不要踏入路面与山脚之间的草丛。正当我和一拨人讲解眼前的昆虫时,忽听前面有孩子大声喊:"大山雀老师,快过来,这里有蛇!"我一听,赶紧冲上前,一看,啊,真的!有条身上黑白条纹相间的蛇正快速钻入草丛。我大吃一惊,心想这难道是银环蛇?或者,是拟态银环蛇的黑背白环蛇(无毒)?

迅速钻入草丛的银环蛇

我一边让大家赶紧后退，一边按下快门拍摄。受惊的蛇逃得很快，眨眼间就钻入了草丛深处，不见了踪影，因此我没有来得及拍到它的头部。我舒了口气，马上回放照片，检视这条蛇的细节。只见它的黑白环纹特别鲜明，背脊明显隆起（因此身体剖面呈三角形，而非圆形），尾部骤然变短……很显然，这是一条如假包换的银环蛇！

虽说银环蛇性情温和，除非被触碰或遭受攻击，一般不会主动咬人。但它的毒性毕竟太强，那天事后想想还是有点后怕的。所以，夜探自然，事先做好防护工作（如穿高帮雨靴）是十分重要的。

真假"烙铁头"

我的以夜探自然为主题的新书《夜遇记》，在 2018 年 11 月出版。书中讲到俗称"烙铁头"的原矛头蝰的时候，就专门提到了在东钱湖洋山村

原矛头蝮

放生原矛头蝮的故事。这里再简述如下。原矛头蝮主要是夜间活动的蛇类,既在地面活动,也会上树,捕食蛙类、鱼类、蜥蜴、小鸟、鼠类等小动物。不过,那次我却是在白天遇见了一条原矛头蝮。

2013年8月27日上午,我刚到洋山村村口,就看到一群小男孩在一起玩耍,其中一人手里拿着一条绿色的塑料蛇,作势吓唬别的孩子。我走过去,开玩笑说:"拿条假蛇吓人,算什么本事呀!"谁知,有个男孩就很不服气地宣称,他家里就有一条蛇,还是毒蛇呢!见我不信,这男孩便带我去他家里。他家是一幢很漂亮的新楼房,当时父母都在家。弄明白我的来意,孩子父亲说:"是真的,有条毒蛇,今天清早刚抓的。"原来,这户村民在村里还有一幢老宅,清晨时分,男主人在老宅里发现有条蛇在吞一只小老鼠。蛇好不容易吞下老鼠,肚子胀胀的,在原地休息,没有马上游走,因此才被他轻而易举地抓住了。说着,他拿出一个透明的塑料整理箱,我打开箱盖一瞧,呀,是一条原矛头蝮!它的身体中间有一段圆鼓鼓的,显然是那只小老鼠。

　　我跟这位村民商量："不要伤害这条蛇，要不让我带到山里去放生。"他答应了。于是，我带着装着蛇的塑料箱，沿着大嵩岭古道往山里走去，到了山脚下的一块空地，把蛇倒了出来，拍了几张照片，然后又用蛇钩将它弄回箱子——我主要是怕待会儿进入阴暗的树林，就很难拍照了。随后，我进入山林，选一个荒僻的地方，先把扣着盖子的塑料箱侧放，然后退开几步，用蛇钩钩住盖子一拉，把盖子拉开了。就在我拉开盖子的一瞬间，这条已经被捉弄了多次而怒火冲天的毒蛇，猛然张嘴冲了出来，企图咬我。可以想象，如果当时我大大咧咧直接用手掀开盖子的话，说不定已经中招了。

　　上文提到了，无毒的黑背白环蛇会拟态剧毒的银环蛇，无独有偶，有一种蛇，长得跟原矛头蝮非常相似，几乎能以假乱真，那就是绞花林蛇。

绞花林蛇

这两种蛇都具有细长而偏棕色的身体、形如烙铁的三角形头部、深色云朵状的斑纹,而且都善于缠绕在树上捕食。在野外猝然相遇的话,没有经验的人,还真难马上确定这是原矛头蝮还是绞花林蛇。

2018年8月11日深夜,我夜探洋山村后驾车返回市区,路过福泉山脚下的公路,忽见一条金黄色的长蛇正缓慢地在路面上游动,企图横过马路。我赶紧下车查看,发现那是一条绞花林蛇 —— 这是第一感觉,因为它的尾巴特别细长,而如果是原矛头蝮的话,其尾巴会明显短一些。此时,只见远处车灯雪亮,有汽车正在驶来。我赶紧从后备厢拿出蛇钩,把蛇钩到了路边的小水沟里,以免它遭来车碾压。此时,我有机会通过相机镜头仔细观察,看到这条蛇的头部具有大块的鳞片,那就完全确认这是一条绞花林蛇了 —— 因为原矛头蝮的头部鳞片是非常细密的。

[8] 与蛇邂逅,敬而远之

福建竹叶青蛇,即大家俗称的"竹叶青",是宁波最常见的毒蛇,在东

福建竹叶青

翠青蛇（姚晔摄）

钱湖区域也不例外。尤其是在原生态环境较好的溪流附近，常能发现它们的踪影。不过，竹叶青也是以夜间活动为主，白天比较少见。夏夜，在紧邻大嵩岭古道的溪流旁、城杨村外的山区溪流附近，我们都发现过竹叶青。它们有时盘踞在水边的石头上，有时缠绕在树枝上，静静地守候，伺机捕食蛙类等小动物。

　　和竹叶青长得很像的蛇，是翠青蛇。两者明显的区别在于：竹叶青的头部呈三角形，眼睛为黄色或红色，瞳孔是竖的，像有的猫的眼睛一样；翠青蛇的头部为椭圆形，瞳孔是圆的，眼睛看上去乌溜溜的。与昼伏夜出的竹叶青相反，翠青蛇主要在白天活动，捕食蚯蚓与昆虫等，晚上通常是在树枝上睡觉。

舟山眼镜蛇

尖吻蝮

鼎鼎大名的尖吻蝮与舟山眼镜蛇,均为浙江省重点保护野生动物,由于栖息地环境变化、时常被人捕猎等原因,它们在省内越来越少见。相对而言,在东钱湖及周边的东吴镇、横溪镇、塘溪镇等区域的山里,尖吻蝮的分布还是比较多的,我曾在这一带多次见过。这也是一种夜晚出来捕食的蛇类,其背部具有黑黄相间的大斑纹(也有的个体斑纹颜色较浅,估计跟年龄有关),跟泥土、落叶的颜色非常相近。因此,天气热的时候,绝对不要穿着凉鞋、短裤,就往山里的荒僻处乱走。至于舟山眼镜蛇,在东钱湖区域很少见,我从未见过,我的朋友也只是偶尔遇见。短尾蝮相对常见一点,夏天在农田附近,有时可以看到。短尾蝮体形偏矮胖,体色灰暗,很不起眼,农村人常在根本没发现它的情况下不小心误碰了它,结果被咬一口。

赤链蛇与虎斑颈槽蛇,都比较常见,它们以前被归类为无毒蛇,而现在通常被认为是有毒蛇类,但属于"非传统意义上的毒蛇"。因为它们虽

短尾蝮

赤链蛇

刚吞了猎物正在休息的虎斑颈槽蛇

然有毒液，但并不像常规毒蛇一样拥有长在口腔最前面的毒牙。其毒液的毒性也不强，一般不会对人造成严重后果 —— 少数过敏体质者除外。2018年9月29日下午，在马山湿地的草丛中，我看到一条肚子胀鼓鼓的虎斑颈槽蛇，显然它刚吞下了一只小老鼠或一只蛙。以前，我见到这种蛇，它都是迅速逃走，但此次遇见，这家伙由于吃得太饱了，因此游到一块石头边就安静地不动了。

俗话说，十月小阳春。趁这个时候天气暖和，很多蛇在冬眠之前抓紧

乌梢蛇

时间进食，或者于中午时分在外面晒太阳，因此白天见到蛇的概率反而比夏天时要高。2018年10月初，我在洋山村茶场附近的山脚拍摄野花野果，忽然注意到前方十几米远的草地上有一条乌梢蛇，它静静地趴在那里一动不动，偶尔转过头来观察动静。我当即停住脚步，举起手里的长焦镜头开始拍摄。没拍几张，这条大蛇便觉察到了异样，迅速窜入了灌木丛。10月下旬，朋友李超到福泉山中拍野果，后来在山中给我打电话，说在山路边看到好几条蛇，有乌梢蛇、虎斑颈槽蛇、黑头剑蛇等。不过，这些蛇机灵得很，通常没等李超靠近，就"哧溜"一下跑了，只有蜷缩在石头边的黑头剑蛇（一种细小的无毒蛇）让他拍到了。

　　最后，我想提醒大家的是，如果在野外遇见蛇，首先完全没必要去试图分辨那是毒蛇还是无毒蛇；其次更不要不管三七二十一，一律将无辜的蛇打死。只要对蛇"敬而远之"，远远绕开，就是上上策。因为，若没有比较丰富的野外经验与一定的专业知识，普通人是难以分清毒蛇与非毒

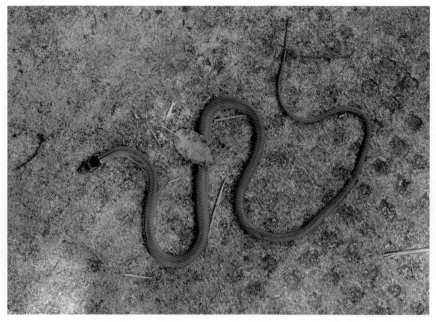

蛇的(以头部是否为三角形来判断是否为毒蛇,是完全不靠谱的,如银环蛇毒性最强,而它的头部却是椭圆形的)。另外,如上文所言,蛇类之间存在着拟态现象,像原矛头蝮与绞花林蛇就高度相似,一般人怎么可能近距离仔细查看一条身份不明的蛇的头部特征?

26

湖畔奇妙夜

竹节虫

很多市民都曾在白天带孩子去东钱湖游玩过，不过，有多少人曾经带孩子去夜探东钱湖呢？春夏之夜的钱湖，又会有怎样的美丽呢？当然，这里说的"美丽"，不是指风景，而是指生机勃勃的自然生物。

2018 年 6 月 2 日晚上，正值周六，《宁波晚报》所属的"宁波宝贝"微信公众号组织了一次亲子夜探东钱湖马山湿地的活动。由于夜探的特殊性，此次活动设定了报名限额，即最多 15 户家庭参与，先到先得。报名一经推出，没过几个小时，这 15 户的名额就被一抢而空。

这是我第一次带队夜探钱湖，后来还有好几次，地点要么在马山湿地，要么在环湖东路的湖畔。大家一起寻虫觅蛙，观察在夜间活动的小精灵，度过了一个又一个湖畔"奇妙夜"。

𝕰 虫子，还是鸟屎？

6月2日下午4点半，所有参与的家庭都到位于东钱湖畔的中国摄影家协会宁波艺术中心集合。我先为大家做了一场主题为"夜探自然"的讲座。考虑到参加活动的家庭几乎都没有夜晚进行自然观察的经验，因此我在讲座中为大家详细介绍了夜探活动的安全注意事项，以及可能见到的在晚上活动的各种小动物。

晚饭后，大家前往附近的马山湿地进行实际的夜探活动。马山湿地靠山面湖，有天然的树林、灌木、溪流，也有人工的栈道、草地、凉亭等，在保证生物多样性的前提下，整体环境也比较安全，便于观察与休息，因此非常适合新手夜探。

为了安全与夜间观察的便利，根据事先安排，大家都"全副武装"，基本上都穿长袖长裤，脚穿高帮雨靴，带着高亮的手电或戴头灯。夜幕刚刚降临，大家就迫不及待地出发了，一路上，大人孩子都用手电或头灯仔细搜索、观察沿路的树枝、草丛。

日落时分的环湖东路湖畔

看到这真正的鸟屎，反而以
为是广翅蜡蝉的若虫

微距镜头下的广翅蜡蝉若虫

虫影蛙鸣

233

　　"哇，这是什么？白白的，像虫子又不像虫子。"有个孩子喊了起来。我过去一看，草叶上果然有一样非常微小的毛茸茸的东西，它几乎全身雪白，个别地方有点棕色。如果不是因为它动了的话，真的还以为是一小撮飘落的毛絮之类的物体。其实，那是一种广翅蜡蝉的若虫（还不是成虫），其形态非常古怪，几乎找不到它的眼睛在哪儿。我用微距镜头把它拍了下来，再放大照片，大家才看清了它的眼睛，不由得惊呼起来：没想到这真的是一只虫子！

　　稍后，大家还看到一只更小的广翅蜡蝉若虫，它一动不动伏在绿叶上，就像一滴鸟屎。其实，它就是在"拟态"鸟屎，以躲避天敌。后来，当看到稍高处树叶上真的鸟屎时，大家

竹节虫

反而以为那是广翅蜡蝉若虫。我光靠肉眼也不敢轻下判断，还是拍下照片再放大看，才确认那真是鸟屎。"太神奇了!"大人孩子都说。

"竹节虫! 竹节虫!"这边还没观察完，前面又有小朋友兴奋地喊了起来。原来，一只长度超过 10 厘米的褐色竹节虫正在树叶上活动。这竹节虫像极了枯萎的小竹枝，如果不是刚好出现在绿色的叶子上，还真难发现它。后来，大家又发现了好几只躲在绿色植物中觅食的中华大刀螳。看来，很多"隐身高手"都躲不过探索的目光。

湿地觅蛙踪

不知不觉，我们走到了湖边，听到阵阵蛙鸣传来。我对大家

说，小心别滑到水里，请在岸边用手电搜索水草附近，可以看到不少蛙。
话音未落，孩子们"哇，哇!"的叫声又响了起来。原来，每隔不远就会看
到一只蛙趴在岸边或水草上，主要有金线侧褶蛙、黑斑侧褶蛙、泽陆蛙等。
我仔细为大家讲解这些蛙类的外观区别与习性，孩子们与家长都蹲下来
仔细观察，看得趣味盎然。

在附近山脚，我们还找到了中华蟾蜍、阔褶水蛙、镇海林蛙等蛙类。
俗称"癞蛤蟆"的中华蟾蜍是大个子，大多数个体的体长超过10厘米。
在马山湿地，阔褶水蛙与镇海林蛙也有不少，它们的个子都不大，体长不
到中华蟾蜍的一半。阔褶水蛙的背部两侧具有宽厚的隆起的皱褶，故名
"阔褶"，它的行动比较迟缓，是镜头前面的"好模特"；而镇海林蛙身材修
长，后腿力量强劲，故很善于跳跃，再加上胆子比较小，因此经常没等大家
都看清楚，就跳入草丛找不到了。有家长说，真没想到青蛙还有这么多种
类，原来从未听说过，更不用说亲眼见过。

有趣的是，那天晚上，有只中华蟾蜍原本蹲在山脚边的一个泥洞口，
而当我们"聚光"在这只癞蛤蟆身上时，它竟"害羞"（或许应该说是"惊
惧"）地后退到了洞里，眨眼不见了踪影。我连拍照都来不及。蟾蜍通常

抱对的金线侧褶蛙

阔褶水蛙

镇海林蛙跳到了脚上

喜欢在白天躲在石缝或泥穴里,夜晚出来觅食。不过,我还是第一次亲眼看到躲入泥洞的蟾蜍。我不知道这个泥洞是它自己挖的呢,还是"借用"了别的动物挖的现成的洞穴。

更有趣的是,在三个半月后的 9 月中旬,我再次带孩子们夜探马山湿地时,居然又在这个泥洞附近见到了这只蟾蜍。不过它当时离洞口有 30 厘米左右,而不像上回见到的那样直接蹲在洞口。由于受不了被那么多人打着高亮手电围观,它转身缓缓爬到了洞口,将头部往洞里伸进去一点。这时,有孩子喊道:"它要钻进洞里啦!"我说,应该不是头部朝里进洞的,它会"倒车入库"!什么?一只癞蛤蟆还会玩"倒车入库"?大家一听都乐了。果然,我话音刚落,这只蟾蜍就已经掉转身子,将屁股对着洞口,然后四肢扒拉几下,就很快退入了洞中。这个时候,必须蹲下身来,才能看到它的眼睛。

孩子们惊奇地感叹：原来癞蛤蟆真的会"倒车入库"啊，而且"倒车"技术很高明呢！大自然真神奇啊！

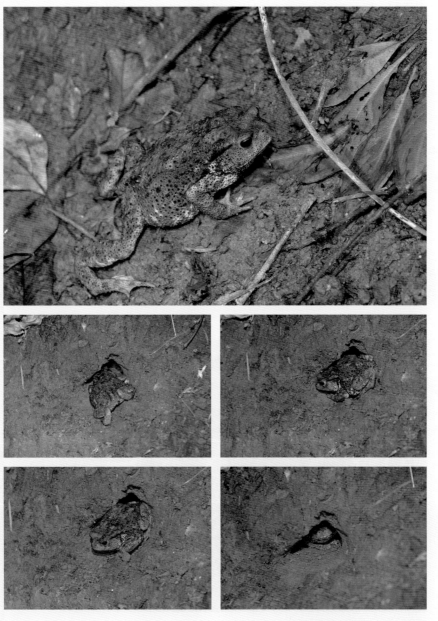

中华蟾蜍"倒车入库"全过程

⑧ 萤火星光相辉映

6月2日晚上，当活动接近尾声，往回走的时候，大家还意犹未尽，都打着手电认真地寻找木栈道两侧草丛中的生物。果然，振翅鸣唱的碧绿的螽斯、停在树枝上休息的蝴蝶与蜻蜓、在草叶上睡觉的北草蜥、正在捕食昆虫的蜘蛛……都吸引了孩子们和家长的目光。活动结束了，所有人都还沉浸在夜探发现所带来的乐趣之中。好几位年轻的父母都说，现在的孩子接触大自然的时间太少，能有这样的夜探体验真的很开心。

同样是夜探，另外一次活动的尾声带给了孩子们又一种新奇而美妙的体验。那是2018年8月15日的晚上，我受邀带一群在东钱湖畔参加夏令营的孩子们夜探自然，夜探地点是环湖东路的湖畔。那天是农历七月初五，天气晴朗。天刚黑下的时候，但见新月如钩，悬挂在西边的天空。晚上近9点，夜探活动快结

斑衣蜡蝉

蜻蜓在草叶上歇息

北草蜥在草叶上睡觉

束时,这弯缓缓西落的新月已经变成红色,正靠近湖对岸的山顶。

那时,我们正行走在湖边的栈道上。我忽然灵机一动,跟孩子们说:"你们看,今晚的月亮和星星都这么美,我有个建议,大家都把手电关掉,摸黑走回去,好吗?"

"啊,我怕,我从来没有在黑暗中走过夜路呢!"一个孩子说。

"不怕不怕,我们不是有这么多人嘛!"另一个孩子说。

于是,一致通过,我们把所有灯光关闭。尽管在刚关掉手电的时候,有个别孩子由于害怕而忍不住紧紧抓住了同伴的手,但仅仅两三分钟后,大家都适应了黑暗。只见红色的月光映在波光粼粼的湖面上,而头顶的星空逐渐变得璀璨起来。我指着南方的天空说:"看,这是天蝎座呢!这边是'蝎子'的头部,那边是它的尾部,你们看像不像?"孩子们都说,这里的星空好美啊!

更美妙的事发生在 2019 年 7 月。我再一次带队在湖畔夜探,地点也

蜘蛛捕食

在树上埋头睡觉的大山雀

中华剑角蝗

在草上休息的蝗虫

是环湖东路。当我们再次关闭手电，孩子们都惊喜地发现，身边有很多闪烁的萤火虫！萤火的微光与天上的星光互相呼应，东钱湖畔奇妙夜让每个人都陶醉了。

东钱湖环湖东路的萤火虫

追月观星

ZHUIYUE GUANXING

27
夕阳日食弯如月

日偏食

前一篇《湖畔奇妙夜》的结尾说到，我带孩子们在环湖东路的湖畔夜探结束后，有意关闭灯光，在湖边欣赏正缓缓西坠的暗红色的新月与醉人的璀璨星空。有意思的是，可能很多人不知道，东钱湖区域还真是仰望星空，或在合适的时机观赏、拍摄各种天象的好地方呢！

近十年来，我在湖畔拍过日偏食与月全食，观看过流星雨，在福泉山顶欣赏过夏季银河，留下很多难忘而浪漫的回忆。在这里，我就把以上的追月观星之旅写下来，共分四篇，与大家分享，也希望大家今后多来东钱湖感受日月星辰之大美。

第一篇，是关于在东钱湖边拍摄夕阳带食日落的故事，且听我从头说来。

⭐ 钱湖之畔观日食

2009 年 7 月 22 日，宁波境内可以观察到极为罕见的日全食过程。当日上午，日全食发生时，眼见灼眼的太阳慢慢被"吞没"，顿时白昼为夜，凉风暗生，这惊人的景象带给我极大的震撼，从此我"难以自拔"地爱上了针对重要天象的摄影，时常关注天象预报。

不到半年，机会又来了。我得知，2010 年 1 月 15 日下午，宁波可以看到日偏食。而且，根据时间推算，在日落时分，正是日食食分很大的时候，也就是说，只要天气好，我们可以看到美丽的夕阳日食！

接下来要思考的是，应该去哪里拍，才能拍出有特色的日食照片。我在电话里咨询了鸟友黄泥弄，他说准备去东钱湖环湖东路旁的湖畔拍，那里视野好、风景好，便于取景。我觉得这个主意不错。

得补充说明的是，其实那天在国内很多地方是可以看到日环食的。当日的日环食带，从西到东，覆盖了云南中北部、四川东南部、贵州北部、重庆大部、陕西东南部、湖南西北角、湖北西北半部、河南大部、安徽北部、江苏北部、山东大部。这是 21 世纪首次日环食，而且环食阶段的持续时间长达 11 分钟多，据说是全球未来 1000 年内将发

在湖畔观测、拍摄日偏食（王颖燕摄）

"大炮"前装着巴德膜

生的日环食中环食持续时间最长的。很遗憾,宁波处在环食带的南边,因此只能看到食分较大的日偏食。所谓"食分",就是指"太阳(或月亮)被食的程度"。就日食而言,通俗地说,假设太阳看上去的大小为1,食分为0.4的话,就是当太阳、月亮、地球成一线时,太阳被月球遮去了40%。日偏食、日环食的食分都小于1,而日全食的食分大于或等于1。

当天下午3点出头,我就带着妻子与女儿,一起来到环湖东路的湖畔。天公作美,天空只有少量云系,我想应该不会影响观赏日偏食。黄泥弄先到一步,已在湖边架好了三脚架与相机,开始取景试拍。从这个位置向西南方向眺望,但见湖面开阔,远山隐隐,非常适合欣赏落日。而且湖边多老树与芦苇,这对拍摄时的前景安排显然很有利。

我也赶紧支好三脚架,并且把巴德膜(一种德国产的太阳滤光片,可以起到明显减光的作用,以避免强烈的阳光对眼睛造成伤害)装在"大炮"前。一切准备就绪,可以开工了!

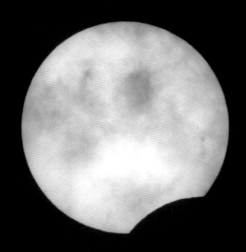

初亏后不久的日偏食

🔖 ⭐ 白昼争看月一弦

　　下午 3 点 40 分左右，通过取景器，可以清晰地看到明晃晃的太阳的右下角被"咬"去了一小块，此谓"初亏"，日食开始了。

　　初亏时阳光强烈，因此不能直视太阳。妻子拿着医用 X 光片，挡在眼前观看。那时候女儿还小，只有 7 岁，因此她就地找了根竹竿在湖边玩水。我不想让孩子错过这难得的日食场景，就把相机的取景方式从光学取景器切换为屏幕观看，然后交给孩子一个"任务"，让她拿着快门线，盯着屏幕上的太阳，暂时帮我按快门来拍摄。

　　过了一会儿，西南天空的云开始增多，把太阳都遮住了。这让我们很揪心，怕今天日食最精彩的部分要看不成了。还好！过了没多久，太阳又从云层中探了出来，并缓缓下坠，此后再也没有大片的云挡住夕阳。

　　冬天的日落很早。下午 4 点 40 分之后，太阳已经很低，而且大半个

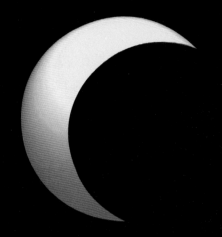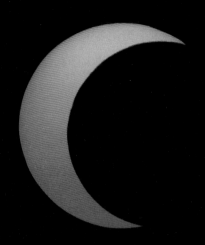

犹如弯月的日偏食

都已经被"吃掉"了，犹如两头尖尖的月亮。有趣的是，此时拍下来的日食照片，太阳慢慢变黄，仿佛是一个"黄月亮"。忽然想起那著名的诗句："青天俄有星千点，白昼争看月一弦。"（明朱权《日蚀》）。真的，那时虽说没有"星千点"，但"月一弦"说得再形象没有了！

随着阳光的继续减弱，我可以取下镜头前的巴德膜再继续拍摄了，而这"黄月亮"下面那个钩开始慢慢发红，并且由橙红逐渐过渡为深红。这鲜艳的红色如同在纸上浸染的墨水，逐渐向"月亮"的上部渗透，最终把整个"弯月"都染红了，那种晶莹澄澈的质感就像美玉一般。如果没有日食，这时候就该是一轮通红的夕阳在坠落了。

此时此刻，我已经被这美景完全陶醉了。忽然想到，别一味用"大炮"来拍特写，也该用其他镜头结合地面景物来拍一些照片。扭头一看，那时，黄泥弄正在水边的芦苇旁不停变换拍摄角度，忙得不亦乐乎。我也赶紧拿出另一台数码单反相机，并装上焦距为 70—200 毫米的镜头，以芦苇、树木等为前景拍日食。有时既想拍特写,又想拍局部景观,弄得手忙脚乱,后来干脆让妻子用其中一台相机帮忙拍。

日食中的太阳犹如一弯红月,缓缓西坠,从相机取景器里看出去,这燃烧的"弯月"仿佛把芦苇都要灼着了呢。下午 5 时许,这美丽的"弯月"终于完全被暮霭所吞没了,逐渐沉到了地平线以下。

可是,在湖畔观赏的我们,依旧陶醉地凝望着红光返照的天边,一时舍不得离去。如果说,2009 年 7 月日全食的美让人震撼,那么,东钱湖畔的夕阳带食而落之美,则显得无限婉约动人。

日落时的日偏食

28
福泉山顶赏银河

仰望星空

"迢迢牵牛星，皎皎河汉女。纤纤擢素手，札札弄机杼。终日不成章，泣涕零如雨。河汉清且浅，相去复几许！盈盈一水间，脉脉不得语。"(《古诗十九首·迢迢牵牛星》)

我十分喜欢这首由佚名诗人创作的关于银河的五言古诗。在诗中，辽阔的宇宙、渺小的个人、深切的情感，紧密联系在一起，感人至深，历千年而不改。

浩瀚而遥远的银河，古代也称为天河、银汉、星汉、河汉、云汉、长河等，自古以来，不知曾触动多少人的心，引发多少美丽的遐想，写下多少流传后世的诗篇！如："星汉灿烂，若出其里。"(三国曹操《观沧海》)"永结无情游，相期邈云汉。"(唐李白《月下独酌》)"五更鼓角声悲壮，三峡星河影动摇。"(唐杜甫《阁夜》)"云母屏风烛影深，长河渐落晓星沉。"(唐李商隐《嫦娥》)

在古代，没有灯光污染，也几乎没有因人类活动造成的大面积雾霾

日落后的福泉山顶

天气,无论在乡村还是城市,晴天的晚上,只要出门仰头一看,就是满天星斗。而现在,越是在经济发达地区,看星空变得越困难。我老家位于浙江海宁的乡下,读中学的时候,每到暑假,我都喜欢

星空下的云中闪电

倚在二楼的阳台上,仰望天空,那时可以清晰地看到一条淡淡的乳白色银河横跨天际 —— 怪不得,英语将银河称为"the Milky Way",即"牛奶路"。而如今回老家,同样在夏天,却已经很难看到银河了,当然,能看到的星星还是比在城市多不少。至于在宁波市区,哪怕天气十分理想,晚上能看到的星星数量也是屈指可数。

最近几年，由于一方面想重温小时候看星空的感觉，另一方面也想拍摄北半球壮丽的夏季银河，因此曾多次到宁波的高山上观星，其中也曾两次去东钱湖畔的福泉山顶拍摄。在福泉山顶上，往东南可眺望象山港与东海，西北则为东钱湖与宁波城区，由于远离城市灯光，且山上空气质量较好，因此是宁波郊外观星的一个好地方。

2012年8月18日，天气晴朗，再加上正值农历七月初二，也不会有月光对观赏星空造成影响。那天，我得知宁波市天文爱好者协会的不少会员要去福泉山拍摄银河，因此也约了朋友一起赶过去"凑热闹"，学习拍摄银河。那天晚上，驱车在盘山公路上行驶，偶尔看到了一种难得一见的景象：尽管近处的天空一碧如洗，巨大的天蝎座一目了然，然而在远处靠近地平线的地方，却有很低的浓厚云层，而云层中居然电闪雷鸣！耀眼的电光清晰可见。我赶紧就近选个安全的地方停车，架好相机开始拍摄。

福泉山顶赏银河

到了山顶，只见不少天文摄影爱好者已经在那里拍摄。我的汽车灯光显然严重影响了他们的相机曝光，只听他们大喊：糟了，快关灯，快关灯！我理解他们，因此赶紧"识相"地以最快速度停车熄火。那里有个平台，我们用了好几分钟才逐渐适应黑暗，尽管远处的山脚下依然有一片灯火，但一抬头，便见繁星闪烁，"浅浅的"银河清晰可见，让人震撼。是的，肉眼看来，银河算不上有多宽广，而且貌似"河水"也并不深，既像一条轻雾弥漫的亮带，也像薄薄的白色轻纱，从东北向西南，横亘整个天空。其实，组成光带的那些无数的白色"粉末"，都是一颗颗巨大的恒星，只不过离我们太过遥远，又与星际尘埃气体混在一起，才使得看起来像是一条银白的天河。

　　拍摄星空与银河，跟拍摄流星雨一样，都要采用高感光度（如通常在ISO3200左右）、大光圈（如 F2.8，乃至更大），再加长曝光时间（如 30 秒左

宁波市天文爱好者协会的老师在"指点"星空，教大家认识星座

"触摸"星空

右），以捕捉星星的微弱光芒。因此，性能较好的相机与拥有大光圈的广角镜头，通常是必不可少的——当然，还得有稳固的三脚架作为支撑。这样拍摄出来的银河，颜色比肉眼看到的要深，尤其是银心部分，则更为壮丽。

那天晚上，现场有本市资深天文摄影师用激光笔指点星空，教大家认识星座。初次尝试星空摄影的我，在一旁听着、学着，受益匪浅。到了午夜，山顶很凉，镜头最前面的那块镜片都结露了，我只有每拍几张就用镜头纸擦一下，才能继续拍摄。

后来，我又去过一次福泉山顶拍星空。那次童心大发，觉得可以玩一下自拍，把自己和星空拍到同一个画面里。于是，我挑选了一块巨石作为拍摄构图时的前景，然后，趁相机在长时间曝光的时候，赶紧爬到巨石顶部，作抬头望天状，并努力"凝固"这个姿势，直到曝光结束。

说完了福泉山顶观赏、拍摄星空的故事，忽然又想起了关于银河的古诗词。"七夕年年信不违，银河清浅白云微，蟾光鹊影伯劳飞。"五代时候的毛文锡，算不上有名的词人，但他这首《浣溪沙》的几句，我还是挺喜欢的。是的，年年都有七夕，但纯净而深邃的星空却越来越成为一种奢侈品。如果哪一天，我们的空气质量真正变好了，旨在消除光污染的"黑夜保护区"越来越多了，那么，"银河清浅白云微，蟾光鹊影伯劳飞"这样的生态美景，才会越来越常见。

福泉山顶的星星轨迹

29

火星伴红月　钱湖喜相逢

月全食

凌晨两点，东钱湖畔，天朗气清，圆月高悬。来自广阔湖面的微风拂上脸颊，带着丝丝清凉，让人精神一振，困意全无。皎洁的月亮开始缺了一角，慢慢变暗变红，伴随着左侧明亮的红色火星，缓缓坠向湖对岸的山脊线……

我有幸观赏、拍摄过三次完美的月全食，分别是在山顶、海边与湖畔。感受最独特、画面最美丽的一次，是在东钱湖，于 2018 年 7 月 28 日的凌晨。

☆ 月亮为何那么红

在讲述湖畔"追月"之旅的故事之前，不妨先回顾一下近几年在宁波可见的月全食。

相对于罕见的日全食来说，月全食要常见得多。远的不说，在我印象中，自2011年至今，在宁波上空可以看到（只要天气不成问题）的月全食就已经有好几次：2011年12月10日、2014年10月8日、2015年4月4日、2018年1月31日、2018年7月28日。其中，2015年4月及2018年1月那两次，由于宁波市区及附近的天气不好，我没有去拍，其余三次我都拍了。

古人传说，是"天狗食月"造成了月全食。当然，现代人都知道，月全食的发生，简单说来，乃是因为月球全部"走"入了地球的影子中，于是明月慢慢变得暗淡无光，好像被"天狗"逐渐吞了似的。月全食是月食的一种，月食只发生在"望日"，也就是满月之时 —— 即农历十五、十六的时候，因为只有在那个时候太阳、地球与月亮才可能"三点成一线"。但反过来说，并不是满月的时候都有月食，这是因为，白道（月球绕地球公转的轨道）和黄道（地球绕太阳公转的轨道）并不是在一个平面上的，两者通常有5度左右的夹角。只有在特定的朔日（农历初一）或望日（农历十五或十六），月亮才会走到这两个轨道的交叉点，三点成一线，从而形成日食或月食。在朔日，太阳 —— 月亮 —— 地球成一线，地球进入月亮的投影里，形成日食。在望日，太阳 —— 地球 —— 月亮成一线，由于地球处在中间，太阳照射地球在太空中所形成的投影将会"罩"住月亮，当月亮全部进入了地球的本影时，月亮表面会变成暗红色，就形成月全食。此时的月亮，被称为"红月亮"或"血月"。

这里还得解释一下，月全食出现时，月亮看上去为什么是暗红色的，而不是暗黑的，或者索性看不见了？这是因为，地球具有大气层，太阳光经过大气层的折射后还是能照到月亮表面 —— 只不过，此时只有波长较长的红光表现出强大的"穿透力"，能够抵达月面，从而把月亮"染"成暗红色；而其他颜色的光，由于波长较短，基本上都在大气层中散射了，无法到达月面。

而2018年7月28日的天象独特性在于：月全食来临时，刚好"邂逅"十几年一遇的"火星大冲"现象。火星，古时人们称为"荧惑"，是一颗红色的亮星。火星每隔15年到17年就会有一次"大冲"。地球、火星与太阳在同一条直线上，这一天文现象称为"冲日"。火星如果恰好位于近日点附近，就称为"火星大冲"。在"冲日"前后，地球与火星距离达到最近。2018年7月27日晚，火星距离地球约5780万千米，是近15年来距离地球最近的一次，整夜可见，非常明亮。因此，在月全食发生时，我们可以看到它伴随着"红月亮"一起缓缓西落。

上山赴海追红月

2011年12月10日，我们几户家庭相约去象山港附近的一座小山上看月全食。这地方远离城市灯光，站在山顶的平台上，白天可以远眺大海，夜晚则是赏月与观星的好地方。晚饭后，我们拖家带口，扛着器材，向山顶进发。小山不高，没多久就上去了。但快到平台时，大家都傻眼了：一道墙及锁住的铁门挡住了去路。下山吧，大老远过来的，心有不甘；留在原地看月亮吧，身边的建筑物又严重影响了视线。

2014年10月8日，在北仑海边拍摄月全食

东钱湖自然笔记

　　无奈之下，我们决定"淘气"一回，翻墙进入平台！所幸墙不高，一名大人先爬上墙以便接应，再让孩子踩在另一个大人的肩膀上，然后把小孩顶上去即可。到了平台，风有点大，相当冷，好在天空非常给力，一丝云都没有，月朗星稀。20：45左右，"初亏"开始了，月亮的左上角逐渐变黑，黑色部分逐渐扩大，圆月很快就被"吃"掉了半个，后来又变成了一弯细钩。随着月光慢慢减弱，星空却清晰地呈现了出来。22：06之后，开始进入全食阶段，原本皎洁如冰盘的明月变成了暗淡的古铜色，而周围已经群星璀璨。这一景象令人十分难忘。

月全食

后来，由于山顶实在太冷，孩子们受不了，于是大多数人就先下山到附近的宾馆里休息了，剩下我和个别朋友留在那里继续拍摄。那天我带了两套器材，一套使用广角镜头，一套用"大炮"，分别拍摄。可惜由于我初次拍摄月全食，经验不足，用广角拍摄的计划失败，而用"大炮"拍的"红月亮"特写挺不错，月亮附近的星星也清晰可见。

2014 年 10 月 8 日的月食，发生在傍晚时分，也就是说，当月亮从东边的地平线上升起来的时候，就已经处在月偏食阶段了。于是，我决定去拍摄海上带食月出这一难得一见的景象。我选择了东海之滨的北仑春晓镇的海堤作为拍摄地点。

下午 5 点多，我独自驱车到了那里，往西边一看，群山之上全是云，好在东边的海洋上空云量不多。我还是用了两个三脚架，分别使用广角镜头与"大炮"来拍摄。由于低空还是有一些云，因此我并没有拍到月亮刚露出海平面的样子，而是在它升到一定高度后才能看到。当时，月亮的下

2014年10月8日，北仑海边的月食

东钱湖自然笔记

262

半部分已经被"吞没"了，略微有点像一个倒扣的浅红的碗悬在低空，非常有趣。一个多小时后，开始进入全食阶段，此时天已全黑，海上的轮船灯光明亮，一轮暗红的圆月高悬上空，既神秘，又美丽。

火星"邂逅"月全食

山上、海边都拍过月全食了，因此当 2018 年 7 月 28 日凌晨的月全食来临时，我决定到东钱湖去拍。跟 2010 年 1 月 15 日傍晚拍摄带食日落一样，我把拍摄地点选在环湖东路的湖畔，只不过，这一次是拍摄后半夜的带食月落。

说真的，对于这一次月全食要不要去看，我一开始还是略有犹豫的，因为，月食发生在后半夜，如果去拍的话，就意味着几乎得通宵不睡了。具体来说，"初亏"出现在凌晨 2：24，3：30 为"食既"（即开始进入全食阶段），到 4：22 为"食甚"（即月亮运行到地球本影的最深处），到 5：13 开始"生光"（即月亮开始渐离地球本影，慢慢复圆）。当然，由于天亮得早，此次月全食的后半段在宁波实际上是观察不到的。

2018年7月28日凌晨，在东钱湖畔拍摄月食

但最终，我还是抗拒不了诱惑，准备好了器材。那天晚上，我只睡了两个多小时（其实也没怎么睡着），凌晨 1 点不到就起床了，驱车直奔东钱湖。从我家到环湖东路要大半个小时，因此到那里时已经快 2 点了。刚到那里停好车，就又来了一辆车，车上下来一对年轻男女。对方问我：也是来看月亮的吧？我说：是的。于是相视一笑。

赶紧选好位置，架好器材。抬头一看，果然，在西南的天空，明亮的红色火星就在月亮左侧比较近的地方，如此亮的月光居然不能掩去它的光芒。对于这里的地景，我尤其满意：近处的湖面上荷叶田田，一条栈道伸向湖中，其尽头则是一座水上凉亭。那对恋人选择在那凉亭里赏月，仔细一看，其实亭子里已经有人搭好了帐篷在看月亮。看来，大家真是"英雄所见略同"啊！

2018年7月28日清晨，拍摄完月全食后的湖畔景色这次，在出发前我就想好了，重点不是用"大炮"拍摄月全食的特写，而是用广角镜头定点拍摄，这样可以结合地景，最后将多张照片叠加为"月食葫芦串"。幸好，我所用的定点拍摄的相机具有"间隔自动拍摄"的功能，我只要设置好相关曝光参数，同时设置好自动拍摄的间隔时间及拍摄张数，就基本可以不用管这台相机了，随它一张接一张自动拍摄即可（当然，考虑到月亮逐渐在变暗，因此有时得微调一下曝光参数）。

在用"大炮"拍了几张月全食的特写后，我又改用焦距为 100—400 毫米的镜头，结合湖边的树木，拍摄"红月亮"与火星 —— 这个方法，跟 2010 年 1 月 15 日傍晚在湖边拍摄带食日落是一样的。由于月食的时间很长,我有时并不拍照,而用肉眼或双筒望远镜,悠闲地观赏火星陪着红月几乎平行西落的美妙过程。

4:30 之后,一方面,由于月亮已经深入地球本影,而且离地平线越来越近,受近地面的大气影响越来越大,因此暗红的月亮本身已非常暗淡;另一方面,也是因为天色开始蒙蒙亮,越发反衬出月亮的昏暗。因此,很快,用肉眼已经看不到月亮了。这次堪称完美的月全食观赏、拍摄过程到此结束。

回到家已是近 6 点,尽管人已很困,但我还是急不可待地打开了电脑,自得其乐地欣赏刚拍的月全食照片。同时,还挑出定点拍摄的 20 多张照片,使用星轨叠加软件,将它们合成一张,终于得到了一张我一直想要的"月食葫芦串"照片 —— 更何况还有火星在一旁陪伴! 而且,得益于东钱湖美丽的湖光山色,这张照片的地景也让我满意。

经定点拍摄、后期合成的月全食过程

✎ 附：如何拍摄月全食

月全食发生时，那红月高悬的美景，非常值得观赏与拍摄。根据我三次拍摄过月全食的经验，特与大家分享拍摄体会。

由于月全食发生时，月亮会变成暗红色，非常昏暗，因此拍摄地点请尽量避开城市光污染比较严重的地段，找一个视野开阔无遮挡的地方，可以选择郊外，有条件的也可以到山顶或海边。

拍摄方法一般可分为三种，不管采用哪一种，都必须把相机固定在稳固的三脚架上，以防止因抖动而出现画面发虚的情况。

其一，是拍摄"红月亮"的月面特写，以清楚地呈现"红月亮"的表面细节，乃至附近的星空。一般来说这需要相机接焦距为400毫米以上的镜头，或者也可以用相机通过转接环接上高倍的单筒望远镜来拍摄。由于此时月亮的亮度非常低，因此需要把相机设置为高感光度并采用较长时间曝光。比如，我曾用焦距为500毫米的超望远镜头拍摄"红月亮"特写照，那时的曝光参数为：感光度ISO3200、光圈F4、快门速度1/2秒（这个参数只是一个参照，具体以月全食发生时月亮表面的实际亮度为准）。

其二，用广角或中长焦镜头来拍摄"红月亮"与地景相结合的照片。此时，相机的参数设置与拍摄月全食特写照片是一致的——即应以"红月亮"的亮度为曝光基准，不能曝光过度，导致红月亮变成白月亮。在拍摄过程中，可以通过回放图像检查曝光的准确度，随时进行调整。调整参数的方法，一是通过M档来逐项设置，二是通过相机曝光补偿功能的设置来解决。

其三，还可以定点拍摄整个月食过程，即拍摄"月食葫芦串"。这得把相机固定在同一地方，然后每隔数分钟拍摄一张月亮照片，最后合成为一张照片。这时候，选择漂亮的地景也很重要。

另外，观赏月全食，完全可以用肉眼直接看。不过，如果使用望远镜，无疑将会得到更好的观赏体验与乐趣。

30
流星"雨"

英仙座流星

"流星坠兮成雨,进瞵盼兮上丘墟。"这两句出自《楚辞·九怀·昭世》的诗,或许是中国古典诗歌中最早的关于"流星雨"的表述。这里的"瞵"(lín),是凝视、注视的意思。

在看流星这点上,我很羡慕古人,因为古代没有光污染,空气质量不用说,要比现在好太多。那个时候的黑夜,是纯净、清澈的黑夜,最适合观赏一闪而过的流星。

最近几年,看流星雨忽然成了一件很时髦的事情,公众尤其是年轻人趋之若鹜。我也未能"免俗",每当流星雨极大值即将出现时,就兴奋不已,时刻关注天气,希望届时能晴朗无云,星空璀璨。我看过、拍过好多次流星雨,不过最难忘的,还是 2018 年夏天在东钱湖拍流星那次,因为那天晚上,我真的经历了"流星 + 暴雨"的"奇景"。

☄ "星陨如雨"难得见

我拍流星,始于 2012 年。在被日环食、金星凌日等罕见的天象奇观所占据的 2012 年,一场普通的流星雨原本算不了什么,但对我来说,那年夏天,是我第一次去观赏、拍摄流星雨,因此还是颇有意义。

在扛着相机出门之前,我在网上做了不少准备工作,研究该如何拍摄流星雨。很快发现,拍摄的基本方法,其实跟雷雨夜拍闪电是差不多的,属于超级省心的那种:你只要在相机上装上广角镜头,然后把相机安放在稳固的三脚架上,手动设置好 ISO(感光度)、光圈、快门速度等基本参数,然后把镜头对准一片天空,只管拍就是了。至于有没有流星划过那片天空、何时出现、数量多不多……那就全靠运气了。或许你拍了好久都没见流星在镜头所对准的空域出现,结果刚换了个机位,一转头,就发现一颗燃烧的火流星"轰轰烈烈"地点亮了刚才的那片天空。此时,肠子悔青了也没用!

当然,细究起来,拍流星雨跟拍闪电还是有些不同的。一、拍闪电,在城市的建筑物里就可以拍,而由于流星的亮度实在太弱,与闪电比完全不是一个量级,因此必须尽量远离城市灯光,而到远郊、山顶等远离光污染而又开阔的地方。二、同样,由于在接近全黑的环境里拍摄星空,因此在拍流星时必须使用更高的 ISO、更大的光圈与更长的曝光时间(比如ISO3200、F2.8、25 秒)。当然,你若拥有超广视角的镜头自然更好,因为那可以"盖"住更大面积的天空,提高捕捉到流星的成功率。总而言之,拍流星对环境、器材的要求相对较高。

对了,还有一个不得不提的重要区别,那就是天气!天气实在太重要了!拍流星雨,最好是澄澈的大晴天,不要讨厌的雾霾,也不要月光,因为大多数匆匆闪过的流星的微光实在太微弱了,哪怕是丝丝薄云或残月的光芒都会令它们黯然失色。

至于观看流星雨,诚如古人所言:"更是晚来群动息,空庭仰卧数流星。"（明谢迁《习静》）最好的方法是在开阔地躺着看天空，千万不要用望远镜。

关于流星雨，在古籍《左传》中就有精彩记录："（鲁庄公七年）夏四月辛卯夜，恒星不见，夜中星陨如雨。"鲁庄公七年，即公元前687年，通常认为，这是世界上最早的关于天琴座流星雨的记录。那天晚上的流星多而且亮，以至于"恒星不见"，即盖过了恒星的光芒。实际上，真的像这样"星陨如雨"的场景实在太难得了，多数时候，我们在野外翘首以望，也只能等到很少的几颗流星。

午夜山巅守流星

英仙座流星雨的极大值，在每年8月12日至13日出现，由于其流星数量多，且每年都比较稳定，容易观测到明亮的火流星，因此被列为北半球三大流星雨之首。英仙座流星雨的母体，是斯威夫特·塔特尔彗星。当地球穿越该彗星撒落的碎屑带，每小时就可能有成百上千的碎屑袭击地球，其中有百余颗以流星的形式掠过大气层而形成流星雨。

当然，最让人开心的是，英仙座流星雨出现在夏季，夜观流星时非但可以免受寒冷之苦，还能有机会看到流星划过壮观的夏季银河，岂不美哉？

追
月
观
星

2013年8月13日凌晨拍到的英仙座流星

2012年8月13日凌晨拍到的一颗火流星

　　2012 年 8 月 12 日深夜，我独自出门去拍英仙座流星雨，事先确定的地点是江北荪湖附近的山上。那天晚上，我背着摄影包、三脚架等沉重的器材，"吭哧吭哧"沿着山路来到小山顶，汗流浃背，狼狈不堪。但就在放下器材，转头一望的时候，我就后悔了，这地方离城市太近，而且山脚附近就是交通要道，因此光污染有点严重，并非拍流星的理想地点。于是，只好将镜头对着没有光污染的北边天空。然后，用长时间曝光的方式，一次次按下快门，期待流星划过镜头前的天空。

　　真的很幸运。在 13 日零点前后的一个多小时内，我总共看到了 4 颗流星。最美妙的一刹那出现在 0∶34，一颗流星爆闪着划过天际，看上去似乎是从山顶往山下"跑"，可谓低空飞行，非常明亮！当时，我的心激动得"怦怦"乱跳，乃至于很久没有回过神来：什么，我真的看到传说中的火流星了？

　　从那一次起，我就对流星雨入迷了。

2013 年 8 月 12 日晚，当英仙座流星雨极大值再次到来时，我和同事即摄影记者许天长一起，到余姚的一处四明山顶拍摄流星雨，不过那天是带着发稿任务去的。那地方远离城市，而且海拔较高，因此几乎没有光污染。那天是农历的七月初六，晴朗无云，我们上山时，恰好看到一弯红色的新月在西边缓缓坠落，这意味着不会有月光影响观赏流星。到了山顶，发现那里有不少帐篷，原来是不少"追星者"准备在此露营观赏流星。我们赶紧把相机安装在三脚架上，当我扛着三脚架边走边选择合适的机位时，偶回头，忽见左边的暗蓝天空中有亮光一闪，犹如明眸一眨，稍纵即逝。那天风很大，流星也很多，我拍到了划过银河附近的流星。我们给报社发完稿，又继续留在那里，直到凌晨两三点才返回。

在四明山顶看英仙座流星雨

☆ 阵雨间歇见流星

　　此后几年，受种种条件影响，我都没能好好拍摄英仙座流星雨。2014年8月12日晚至13日凌晨，正好是农历十七、十八，接近满月，月光干扰严重，没法看流星。2015年8月12日晚，天空多云，我约了好几个朋友去龙观乡的高山上，即观顶水库那里看流星。谁知一到那里，发现水库大坝上人满为患，露营的、烧烤的、喝酒的、拍照的……总之喧喧嚷嚷，犹如闹市。我第一次发现，原来看流星雨也可以成为狂欢节。不过这也没什么，关键是天上的云越来越多，可以看到的星星越来越少。我们决定逃离，到附近的山顶去看看。谁知到了那里，高山上云雾缭绕，别说看流星，附近的人都看不大清楚。折腾到半夜，还是啥也没看成。倒是其他几个朋友，在四明山另外的地方，天空云不多，他们搬把躺椅放在空地上，舒舒服服

2014年12月14日，双子座流星雨

在"马山追日"平台上拍摄流星，受台风残余云系影响，晚上云很多

躺着，看到不少流星，让我十分眼红。2016年与2017年，由于天气等原因，我也没去拍流星雨。倒是2014年12月14日晚上，我去章水镇的四明山高山上拍双子座流星雨，虽然冻得够呛，但有幸拍到了明亮的火流星，它虽没到"流星如火耀晴空"（明袁中道《长安道上醉归》）的程度，但也足够让人尖叫了。

对宁波来说，2018年的夏天，从7月底到8月，有个现象堪称奇特，那就是几乎每到周末，就有台风影响。8月12日，周日，就在英仙座流星雨极大值即将来临时，台风"摩羯"也不知趣地来搅局了。当晚风雨交加，自然没法出门了。次日，登陆后逐渐远去的台风对宁波影响减小，到了傍晚，我探头望窗外的天空，只见虽有几朵白云，但总体而言，还是很清爽的，没有云的地方，星星很明显。我很高兴，马上收拾器材出门了。虽说在8月13日晚上，流星雨的极大值已经过去，但还是有希望看到不少流星的。

这次，我把拍摄地点选择在东钱湖马山湿地的观日平台。这个地方靠山面湖，视野很开阔，虽然在西北方向有城市灯光，但距离较远，影响不是很大。同事告诉我，在 8 月 8 日午夜，他陪女儿在那里看流星，就看到了十几颗。对于我来说，选择这个地方的原因，还在于前几次拍流星雨都是在山上，而这次我想把湖光山色作为构图中的地景，以取得不同的效果。我甚至还想采取定点拍摄加后期叠加的方法，可以把多幅有流星的照片合为一张，视觉效果会更好。

但事实证明，以上种种，都是我"想得美"。当我驾车到半途的时候，忽然一阵急雨打在车窗上。我心里顿时一紧，但还是硬着头皮继续开车。所幸到了马山湿地，阵雨已经过去，天上又露出了大片晴空，明亮的红色火星清晰可见。于是，到湿地旁小山顶部的观日平台一看，哇，几乎整个东钱湖都在眼前，风景真不错！赶紧架好装着鱼眼镜头的相机，对准晴空，并且开启相机的"间隔自动拍摄"功能，准备舒舒服服等流星"入镜"。谁知，拍了最多 10 分钟，忽然又有一阵雨袭来，我大吃一惊，赶忙过去用

在马山湿地拍摄流星雨

防水的帽子罩住相机。抬头一看，原来头顶刚好一大片乌云飘过，带来了这一波雨水。几分钟后，雨停了，于是继续拍，但乌云很快又来了，还带来了雨，而且下得又大又急，我赶紧把器材扛到大树底下。那天我没带雨伞，但幸好带着一件薄外套可以罩在头顶，而且平台边缘树木茂密，可供暂时躲雨。

　　就这样，由于受台风残余云系影响，天空时而下雨时而放晴，而我呢，把器材不停搬进搬出，折腾到午夜11点多，衣服淋湿了，但连一颗流星都没有见到。这样的境况，怎一个"囧"字了得？于是垂头丧气，决定下山，谁知到了山脚的湖边一看，雨早停了，东边的湖面上空一片晴朗。不死心，就又架好了相机，准备"最后一搏"。反正相机会自动拍摄，我乐得清闲，就在一旁仰头看星空。忽然，奇迹发生了，几乎就是在正上方的天宇，一道光，如极细极长的晶晶亮的飞梭，悠然地划破夜幕，消逝了。

　　流星！我从没见过如此长、如此"缓慢"的流星！"愿寄言夫流星兮，羌倏忽而难当。"（先秦宋玉《九辩》）以前见到的流星，都是比眨眼的速度还要快不少，但这一颗，简直是"慢慢"划过天空的！我若事先准备好许愿，估计它给我的时间已经够了吧。那一瞬间，我的心里充满了难以描述的幸福，觉得老天爷还是很厚待我的，早忘了雨水淋湿衬衫带来的不适。回放相机中的照片，幸亏用的是视角极广的鱼眼镜头，拍到了。唯一遗憾的是，由于这不是明亮的火流星，因此在画面的上方只是一条淡淡的、长长的线，不仔细看几乎不会发现。

在守候流星时，由于不时有阵雨突袭，因此只好中断拍摄，用防水的帽子盖住相机

追月观星

275

一颗淡淡的流星（位于画面最上方中间偏左位置）划过马山湿地的上空

　　于是，我心满意足准备回家了。哪知就在打开汽车后备厢准备放器材的时候，暴雨突袭，我竟只能躲在掀开的后备厢盖下面，动弹不得。等雨势稍弱，才冲出去打开前车门。

　　我期待，下一次流星雨极大值来临时，能有好天气，我一定会再来东钱湖畔，把"想得美"变为现实之美。